U0172635

国家珍宝系列丛书
National treasure series series

说香

DECONSTRUCTING INCENSE

任刚 邓璐琦—著

上海人民美術出版社

目录

序

寻香

识香

听香

用香

观香

序

精思傅会　十年乃成

我和任刚兄相识已近廿年。从最初的布衣之交，逐渐成为非常要好的朋友。不得不说他对沉香的认知是有着非常独到的眼光的。这么多年来，任刚兄始终用最苛刻的要求，挑选最好的沉香材料、再以最严谨的态度把沉香材料做成一件又一件让人啧啧称赞的香品。在我40多年的沉香经营生涯中，他是我遇到过的对沉香研究最深入、最系统的藏家。

十年前，“疯狂的木头”是街头巷尾的热门话题。与此同时，沉香市场上形形色色的以假乱真、以次充好的现象也大量出现。正是在那样的情况下，任刚兄将自己多年收藏沉香的心得整理成《绝世奇珍》一书，为广大沉香收藏者和爱好者提供了非常有益的指引和帮助。如今这本书已经绝版多年，更成为众多沉香收藏者秘不示人的“武林秘籍”。

这十年来，沉香在中国已经呈现越来越普及的趋势，更涌现出了一批世界级的沉香收藏大家。当此之际，系统地整理和总结沉香的历史、文化以及世界范围内沉香研究的成果，我想应该是任刚兄当仁不让的“肩头重任”。可喜的是，任刚兄不负众望，携弟子邓璐琦耗费十年的精思与工夫，出古入今，旁征博引，细心考订，今汇集成这本《说香》。此书从中国香文化、中国香料贸易史、中医学、植物学、现代药物学研究等多个角度，全方位、多角度，将沉香之妙、沉香之美娓娓道来，为想要步入瑰丽复杂的沉香殿堂的同好们，提供了一把难得的“开门钥匙”。通读全书，多有让人拍案叫绝之处，受益匪浅，不忍释卷。

值此《说香》付梓之际，又蒙任刚兄之请，幸为之序，以此为贺。祝愿这本书能够成为读者心中的经典之作，流传千秋！

沉香收藏家　廖奕全

2023年12月

寻 香

◎ 寻经问道

◎ 香药宇宙

◎ 香风千年

寻

唐咸通九年（868 年）雕版《金刚般若波罗蜜经》
扉画《佛陀给祇树孤独园说法图》

寻经问道

公元前561年夏，中印度憍萨罗国，舍卫城南，祇园精舍。

一段开示完毕，佛陀环视众人后提问道：“接下来有谁愿意来分享一下自己进入圆融无碍忘我境界的修行感悟吗？”

上首的众人回答无不精妙。随后，在佛陀温柔而又慈悲的目光鼓舞下，下首的一位童子自信地起身说道：“我曾偶遇一群正在熏烧沉水香的僧人。当熏烧而成的气味寂然无声地进入我的鼻孔，我惊讶地发现，这气味，它既不是木头的味道，也不是空气的味道，它既不是烟，也不是火。它飘去的时候是那样潇洒，连一点为我停留的意思都没有。我也不知它从何而来飘进了我的鼻孔。我的意识也和沉水香的香气一样，一时消亡清净，由此而进入圆融无碍的境界。”

童子言毕，佛陀展颜微笑以示印证。童子因为香气的庄严而证得阿罗汉果位，因而得名“香严”。自此，每当有一缕沉香升起，香严童子就仿佛站在它的最高远处，天真、明净，全身都沐浴在香气里对着众生微笑。

宋 周季常《五百罗汉图》罗汉烧香局部

公元1995年夏，中国上海，淮海大楼。

紧张的谈判告一段落，刚刚离开的东南亚客商留下了一盒标有“顶上水沉香”字样的线香。窗外的蝉鸣声夹杂着室内空调送风的嘶嘶声，让办公室的气氛显得有些压抑和无聊。任刚随手拿出一支线香，划燃火柴……

芦荟
透骨草
白头翁
秦皮
冬瓜皮
冬瓜子
玄明粉
紫草
红景天
无花果
刀豆子
苏木
青蒿梗
墨旱莲
沉香
沉香曲
茺蔚子
决明子
鹿角霜

沉香药柜

蓮頭香

故宫收藏沉香

火焰在线香顶端熄灭，一缕烟气升腾起来，数秒后，一种甘甜里略带宁谧清凉的气息悠悠地袭来，慢慢浸润并穿透了他的全身，他感觉自己的意识都包裹在了其中。这一切似乎只发生在一两次呼吸之间。刚才还是电话铃声、说话声、脚步声交错的办公室，瞬间就安静了下来。他就着自己清晰的呼吸声望向窗外，车水马龙的街道、来往的行人车辆，仿佛只是光影的明灭交替，纷杂的闹市变得安静而有序……等到从香境中回到现实，夕阳已经将窗棂映成了金黄色。他难以想象自己竟然在这一支细细的线香吐出的香气中“神游”了将近两个小时，但感觉上又似乎只过去了几分钟。

每当说起自己和香结缘的故事，任刚都会把香严童子“闻香悟道”的典故和自己“闻香神游”的经历放在一起。举凡传奇故事，目的无非要对听者的感官与思想造成巨大的冲击，进而使其记牢故事背后所蕴含的道理。但常人与觉者的区别就在于，常人听了传奇，赞叹神奇，得了道理，感叹了不起，此后道理只是那个道理，自己还是这个自己，两不相干。不用多久，常人终究忘却了道理，只留传奇在茶余饭后偶被提起，娱人娱己。而觉者则在思想冲击之余，立即起而行之。王阳明曾经说过，这叫“知行合一”。

在诧异与惊喜之余，任刚拨通了那位东南亚客商的电话，急切地询问着关于沉香的信息。可惜对方对沉香其实也不甚了解，但答应代为打听。20世纪90年代中后期，国内互联网起步不久，信息获取远远不如现在便捷。在等待对方回复的时间里，凭着自己多年积累下来的人脉，他开始到处托朋友打探沉香的蛛丝马迹。虽然得到的消息都零零散散，但有一些还是颇有价值。比如有朋友告诉他可以去找老中医了解一下相关知识，或者去老字号的中药铺看看有没有沉香出售；也有人告诉他港台地区有一些收藏家收藏沉香；还有人告诉他听说清代宫廷就有沉香雕刻的传统，或许可以去故宫找一下传世的沉香工艺精品；还有建议或者去浙江、福建等传统木雕技艺之乡寻找一下，也许能找到流传下来的沉香雕刻。

一个多月后，那位东南亚的客商朋友传来了消息，说这种香料在东南亚分布很广，产地很多，要逐个寻找可能非常困难。但是全世界的沉香在东南亚地区有一个最重要的，也是最大的集散中心，那就是新加坡。但在新加坡具体找什么人可以了解和购买沉香，他就不清楚了。幸亏新加坡不大，而且据说在新加坡规模大的沉香贸易商也不太多，任刚觉得应该容易打听。

各种信息纷至沓来，虽然只是一些方向性的建议，但是从中至少可以找到开启寻香之路的关窍。在此基础上，任刚又去图书馆、档案馆查找相关资料，充实这些线索。尽管当时能找到的相关出版物和档案资料并不多，但大半年时间地搜求，他竟然也收集整理了一整本与沉香相关的资料笔记。

就此，一个强烈的念头在任刚心中萌：一定要亲眼看一下，亲手摸一下，再细细闻一下那曾让他心意澄明地神游了一个下午的神奇香料。若能有幸得之一二佳者，放在案头，置于床侧，与之朝夕相对，细细盘磨，待时与香移，以至于人香俱老，则此生足矣。

纸上得来终觉浅，绝知此事要躬行。一整本的笔记资料，看似丰富翔实，但当真的备好行装，踌躇上路之时，他却发现文字和现实之间不仅仅横亘着千山万水，而且阻隔着重重迷雾，顿时心中彷徨，不知何日能寻着“芳踪”，寻着了又生怕挥不去眼前的雾障，难睹真实的“香颜”。他一时间竟不知如何迈出这寻香的第一步，于是，索性抓阄决定。

焚香三炷，郑重祈愿，轻摇双手，坚定心念，阄团脱手，展开一看，赫然“中医中药”四字。既得“天意”，便不再犹豫，他循着老中医和老药铺的线索，上京津，下两广，东到海，西入川，几乎走遍了所有中医、中药领域的重镇城市。

20世纪90年代，多数在改革开放以后成长起来的中医药领域的专业人士也只是在医书上看到过一些关于沉香的记载和医案，对于沉香到底是什么也没有太多的认识，至于沉香的实物，很多人根本就没见过。部分从医几十年的老中医对沉香倒是有所了解，但也仅限于古代医典上关于沉香药理、药性的叙述。再加上沉香毕竟是一味十分名贵的中药材，他们在临证实践中也所用甚少，所以论起沉香本身的道道，也终究不知所以然。

陷入前路不明的任刚虽然心里着急，却不肯轻易放弃。一次在南下的火车上，他与邻座乘客在闲聊中得知对方家里好几代都从事中药材生意，便顺口问起沉香的情况，未曾想对方竟然对沉香颇为了解，并说家中长辈早年还曾下广东、海南收过沉香，只是自己对沉香的认识多半来自家中长辈的口述，所见实物也仅限于家中旧藏的几块沉香。当得知四处寻香的任刚来自上海时，对方竟答道：“你这真是兜兜转转，舍近求远啊！”

原来自清道光三十年（1850年）以后，上海就逐渐成为全国中药材的集散地之一。上海本土的童涵春、雷允上、蔡同德等国药老字号有着与北京同仁堂齐名的名贵药材库，柜上的老药工里更是不乏业内的高手。面对寻香意切的任刚，对方还热心地写下了与他们家曾有过业务往来的几位老药工的姓名和地址，只是这几位多半年事已高，能否找到就不得而知了。

有道是，踏破铁鞋无觅处，得来全不费工夫。虽然结果如何尚未可知，但至少寻香之路有了方向。任刚当即改变行程，就近下车，买了最近一班的火车票，硬是站了一宿，赶回了上海。至今，说起当年这段“奇遇”，任刚还是难掩兴奋，直说是上天怜惜他一片寻香的诚心。

一下火车，任刚就直奔这几家老字号国药铺而去。药铺好找，可是要找人却不容易。这三家赫赫有名的大药铺的分店、药厂、仓库等机构遍布上海，员工众多，而要找的老药工都已过了退休年龄。他在药号总店的铺面上询问，工作人员纷纷摇头，个个不知。去药铺人事部门询问，但他与这几位要找的老药工既不是正常的业务联系，又非亲非故，自然也只能吃个“闭门羹”。仔细一想，还是得找业内的相关人士才能事半功倍。说来也巧，一位好友家中的长辈退休前曾是中医药行业的管理人员，与各大老药铺都有些交情。于是任刚就请他出面给这几家老药铺打了个招呼。

果不其然，几天以后，得到了这几大药铺转来的相关资料。火车上那位热心乘客推荐的老药工名单里，有的早已作古，有的年高体衰，有的退休后移居外地或国外，幸运的是还有一位蔡同德堂叫傅贤良的老师傅，刚退休没几年，人就在上海。

回想起当时带着厚礼登门拜访的情景，任刚的眼睛里闪过一丝类似虔诚的神色。他说当叩开傅师傅家门的那一瞬间，脑子里确实曾闪现出“程门立雪”“慧可断臂”的典故，心里也下定了要效仿古人“虔心求道”的决心。但出乎任刚意料的是，他刚一坐定，还未等开口，傅师傅就开始滔滔不绝地讲了起来。他说他自己15岁进入蔡同德堂中药铺，拜进货掌柜张福林为师。张掌柜可是当年上海滩有名的药材行家，尤其精通各类名贵“细药”。所谓细药，就是指那些极其名贵的药材，药铺的普通伙计是接触不到的，只有那些人品好、业务能力过硬、脑子灵活的伙计才有可能跟着张掌柜学习细药的活计。自己师从张掌柜学了半辈子，各类香药的鉴别、炮制、配伍、应用乃至香品制作都尽得师父真传。只是这些活计自20世纪60年代中期以后就没了用武之地，更别说授徒传艺了。现在自己年事已高，眼看这些香药制作的手艺就有可能要断在自己手里了，心里总觉着非常惋惜。近一二十年来，由于大环境的变化，名贵香药已经很少有人使用了，没想到一个年轻人居然对这个当时还属于冷门的东西抱有如此巨大的热情，这让他深感意外，也颇为感动。所以他说只要是自己知道的就一定有问必答，知无不言，言无不尽，若是有缘让这些经验和手艺后继有人，那么百年之后也有脸再见自己的恩师。

傅师傅的开诚布公让任刚十分欣喜。他此前心里对于“求道难”的担忧顷刻间烟消云散。一个古稀老人、香药高手，却苦于无以为继；一个而立壮年，苦心寻香，却困于无人指点。两人就这样一拍即合。香药之学所涉甚广，虽然他们从白天谈到了夜晚，但是一天时间也只能是泛泛而谈。于是，两人相约每周用三天以聊香，授香，学香。

香药宇宙

在此后相当长的一段时间里，任刚都会风雨无阻地穿过大半个上海去傅师傅家学香。傅师傅喜其好学，爱其刻苦，也把自己毕生积累下来关于沉香的理论知识和鉴别优劣的实战经验倾囊相授。

从中医药角度看，沉香之所以是“众香之首”，不仅因为它珍贵，而且在于它能和合众香，且为诸香之“君”。（按：中药配伍讲究“君臣佐使”，香药配伍亦是如此。）傅师傅建议任刚可以把学习的范围扩大一点：一方面仔细梳理香药的历史以及与香药有关的典籍，以求理上的通达；另一方面跟着自己进行香药炮制、鉴别和制香的实操，修炼事上的无碍。如此这般，就能从更高的层面，以更广阔的视野，来体悟“众香之首、诸香之君”的妙处。

随着学习的深入，任刚发现傅师傅这个“事理不二”的方法果然很灵。按现在流行的话术，就是一幅瑰丽多姿的“香药宇宙”图景逐渐展现在了他的面前。图景以香药的“理、法、方、用”为四大主干，以香药之于生活器用的历史为脉络，以包括儒释道在内的历代与香药有关的精神体验为血肉，以兼容并包古今中外香药应用所长为气度，跨越数千年中华历史而萃然大观。在这“香药宇宙”图景的最高处，赫然屹立着四大香药之王——沉、檀、龙、麝（按：沉香、檀香、龙涎或龙脑、麝香这四种香料涵盖了动物、植物两大主要香药来源，以及植物香药中草木、树脂两大分支，并分别起到了“凝、洪、定、穿”四大主要发香功效），而沉香则是在这最高处的巅峰之上，是香药之王中的“万王之王”。

经过一年多的学习与实践，任刚自认对香药的认知已经登堂入奥，他迫切地盼望着能有一次亲身实战的机会。所谓“念念不忘，必有回响”，曾经的那位东南亚客商再一次成为他寻香路上的指路人。原来这几年间，这位东南亚客商利用空余时间走访了不少沉香产地，也接触了不少沉香商人。趁着再次来到上海贸易洽谈的机会，他找到任刚，把这几年陆陆续续汇集起来的与沉香有关的信息一股脑儿地告诉了任刚。得到了明确的产地和人员信息后，他决定立即出发，不兜圈子，直飞新加坡去找全世界最大的沉香商，他要看沉香，看好沉香，看一大堆的好沉香！

因为做好了联络工作，一下飞机就有人来接。任刚一路上满脑子遐想着号称世界最大沉香商的店铺富丽堂皇的样子，以及地上成堆码放的沉香散发出来的阵阵透骨的清香。当汽车

沉香　檀香

龙涎香　麝香

停稳，抬眼望去，那是一片环境整洁却其貌不扬的工业区，一排排长相近似的白色仓库和厂房，与想象的完全不同。任刚彼时的感受，一如多年以后，他带着马云来此寻香，这位著名的企业家曾一度怀疑要么是走错地方了，要么就是被带到了“坑”里。

廖奕全，沉香江湖里赫赫有名的人物，难掩第一次见到来自中国大陆寻香者的惊讶。当时全世界的沉香大宗客户，几乎都来自中东地区和日本，少有来自中国大陆的。

一番简单的沟通后，廖奕全先生带任刚来到了他的沉香仓库。在任刚还来不及惊讶的时候，面前的仓库大门已然洞开，他顿时“呆若木鸡”，原先靠极限想象力所勾勒出来的地上一小堆一小堆码放着沉香的情景，和仓库里的实景比起来实在是太小儿科了。整个仓库从地到顶，从里到外，除了中间留有一条仅能容一人通过的通道外，全部堆满了来自不同产地的沉香。碎小的沉香装箱堆放，中等大小的沉香装袋堆放，堆与堆之间的地上还见缝插针地摆放着形态各异的大件沉香料。它们有的像大木头疙瘩，有的像“瘦、漏、皱、透”的大块太湖石，有的似黑褐色的陨石，有的像大树桩子，只是上面高低错落着一支支沉香“剑山”。还有的像巨大的木灵芝，有的干脆就是一根三四米长、人腿粗细的原木的样子。看着这些形形色色的大件沉香料，任刚脑海里闪现出一个又一个古代中国人使用沉香的夸张场景。场景不仅有西晋富豪石崇在象牙床上洒满厚厚一层沉水香粉，令侍姬在上面跳舞，不留脚印者，赏珍珠百串的荒唐故事，也有隋炀帝除夕夜烧沉香二百余车，香飘数十里的靡费之举，还有唐明皇在御花园中以沉香为材，建造沉香亭供杨贵妃赏花，惹得国舅杨国忠建起两层沉香阁与之“斗香”的宫廷轶闻，更有唐明皇以沉香为杆制成长槊，于骊山脚下演武，借以筹募军费的风雅传闻，以及残唐五代南楚国主马希范，用沉香在朝堂立柱上雕刻八条百尺巨龙，和他自己形成九龙临朝奇景的奢僭行为。

这一个个曾被他怀疑是“小说家言”不太可信的故事，现在想来，估计十之八九确有其事。从魏晋南北朝经隋至唐，香料在先秦时期被赋予的那些精神属性逐渐淡化，因佛道两教的兴起而被赋予的全新的精神属性尚未完全形成，所以在这六百多年的时间里，中国人用香更看重其物质属性。恰巧在这段时间里，海上丝绸之路得到了较大的发展，南海所产的香料得以大量地进入中原地区。所以好香，尤其是好沉香，就成了彰显身份、炫耀财富和地位的奢华之物。

寻香数年，历尽艰难，今天能够“泡”在这片“沉香海”里，任刚那份得偿所愿的喜悦是如今读故事的你我所无法体会的。仓库出来，任刚当即希望购买一些沉香带回国内，以满足他与沉香朝夕相对的心愿。但是廖奕全先生告诉他，沉香已被联合国列为二级濒危植物，其买卖涉及一系列的政府许可。卖给他的手续自然是齐全的，至于能不能带回国，那就得任刚自己去国内办理相关的法律手续和政府许可了。这第一次的寻香因为没有办理进口手续，也就没有了结果。

几经辗转，任刚等到办妥相关手续，再次来到新加坡终于请回自己心仪的好香，已经过去了整整6年的时间，累计寻香旅程也多达几万公里。不过，对于此时的他而言，过往皆是序章，真正的寻香之路才刚刚开始。

香风千年

沉香或长在荒岛，或植于深山，遭雷劈火烧，风摧虫咬，历劫始成。若不被人寻着，如此绝世奇珍埋没荒山，不但暴殄了天物，而且辜负了那蕴集一身的天地灵气。

人寻香，越山跨海，孜孜以求，代不乏人。而香又何尝不寻人呢？在近两千年的岁月中，沉香跨越了大半个世界，也一直在寻找着那片能成就它走上香料宇宙之巅的土地，和那会懂它、爱它，为它倾倒的众生。

在南亚次大陆、西亚和欧洲大陆上，沉香凭借着它高贵的品质和无与伦比的美妙气息，受到了人们的宠爱。长久以来，它在那里被奉为神物，在华丽的神性外衣的加持下，以超凡的姿态睥睨着其他一众香料。

而在更为理性的东亚大陆，沉香已走进了绝大多数文人雅士以及相当一部分平头百姓的生活，不但长伴他们左右，还为他们驱病延年，抑或为他们点缀生活，装点阔绰。在这里，它可圣可凡。圣，它高居庙堂，陪侍诸神，引得无数王公贵胄、大德圣贤对它垂青无限；凡，它浪迹江湖，医馆闺阁、瓦舍勾栏，随其所适，无施不可。

中国古代文献里记载有很多沉香产地，既有中国的古地名，也有外国的古国名。很多人在阅读古代沉香与香文化资料的时候，往往会被这些读起来颇为古怪的古代地名绕晕。那么这些地方到底是现在的哪里呢？让我们试着“古今对照”。

古代中国沉香产地名

交趾（交州）：汉朝到唐朝初期的行政区划名称。

包括今中国的广东、广西，越南的北部和中部。汉武帝元鼎六年（前111年），汉平南越国，在原南越国地方设交趾刺史部，包括今广东、广西大部分地区，北至湖南江永县，南至越南顺化的广大地区，是汉代最南部的疆域，治所在羸𨻻县（今越南河内市西北）。交趾刺史部治下设南海、苍梧、郁林、合浦、交趾、九真、日南、珠崖、儋耳九个郡。其中在越南部分的交趾有三郡：交趾，一作交址，即今以河内为中心的越南北部地区；九真，今越南清化省、乂安省、河静省、广平省；日南，即今越南中部及以南的一部分，郡治在今越南顺化以南。汉献帝建安八年（203年），交趾刺史张津、太守士燮共同上表，要求将交趾刺史部改为交州，张津被任命为首任交州牧。至此，交趾刺史部始称交州，治所在龙编（今越南北宁），所辖范围为今两广及越南中北部。三国时期，交州属于东吴。为了更有效地掌控交州，东吴先后两次将交州一分为二。［吴大帝黄武五年（226年）将南岭以南诸郡以今广西北海市合浦县为界，以北为广州，治番禺；以南为交州，治龙编，辖今越南北与两广的雷州半岛和钦州地区。后又合并为交州。］吴景帝永安七年（264年），又把南海、苍梧、郁林、高粱四个郡（今两广大部）从交州划出，另设广州，州治番禺，交州治桂州。东吴时期，今广东省境内除广州辖下的四郡外，还包括荆州始兴郡，并遥领海南岛。

从晋到隋，中原王朝对交州实行了实际的统治。唐朝时期，安南都护府的设立，进一步巩固了对交州的控制。然而到了北宋时期，由于军事力量衰弱，北宋曾试图收复交州，却未能成功，这标志着交州实际上脱离了中原王朝的统治。

明朝时期，明成祖朱棣曾一度收复了原来的交州地区。然而此时交州地区经过了长期的独立发展，早已成为越南的一部分，并形成了自己的文化和心理认同，只能作为明朝的藩属国了。

日南、朱崖、南海：中国古代行政区划，交趾或交州下辖郡。

日南，地域在今越南中部地区，治西卷县（今越南广治省东河市）。汉武帝元鼎六年（前111年）设郡，辖地包括越南横山以南到平定省以北这一带地区，现今的顺化、岘港等地都在日南郡的范围内。日南郡是交趾刺史部下辖九郡之一，位于最南面。其名字的得来是因为当地位于北回归线以南，深居热带地区，大约在北纬16度附近，一年中有近两个月的时间太阳从北面照射，因而日影在南面，故称“日南”。东汉末年（192年），日南郡南部的象林县（今越南广南省会安市西南）脱离汉朝，独立为林邑国（占婆国），此后林邑不断北上蚕食郡境，南北朝以后全郡为林邑所有，日南郡废止。该郡存在时间约600年。

朱崖：又叫珠崖。汉武帝平南越后，遣使自徐闻（今广东省湛江市徐闻县）渡过琼州海峡巡视海南岛，在岛上设置朱崖、儋耳二郡，朱崖郡治所在瞫都县（今海南省海口市遵谭镇），为交趾刺史部下辖九郡之一。汉昭帝时将儋耳郡并入朱崖郡。汉元帝初元三年（前46年）撤朱崖郡，设置朱卢县，隶属交州合浦郡。三国时期，吴赤乌年间在雷州半岛设立珠崖郡，治所在今广东省徐闻县，对海南岛实行“遥领”。晋武帝太康元年（280年）撤了珠崖郡，将其并入合浦郡。南朝宋文帝元嘉八年（431年）又复立珠崖郡，治所在徐闻县，不久又废，归入越州管辖。隋炀帝大业三年（607年）改崖州为珠崖郡，治所在义伦县。唐高祖武德五年（622年）又改为崖州。唐太宗贞观元年（627年），将崖州拆为崖、儋、振三州，隶属岭南道。

海北高、化诸州："海北"的"海"即指琼州海峡，海峡以南为海南，以北为海北，即岭南地区。

高州，即今天的广东省高州市（县级市），位于广东省西南部，茂名市中部，地处粤西桂东之交通要冲，秦推行郡县制后，属桂林郡和象郡，汉武帝元鼎六年（前111年），属交趾刺史部合浦郡高凉县。南朝梁大同元年（535年），置立高州，此为高州之始。明太祖洪武元年（1368年），设立高州府，为广东下四府之首。

化州，即今天广东省化州市（县级市），位于广东省西南部，鉴江中游，秦推行郡县制后，属象郡。汉武帝元鼎六年（前111年），属交趾刺史部合浦郡高凉县。唐高祖武德五年（622年），置南石州，治所在石龙（今化州城）。唐太宗贞观九年（635年），南石州更名辩州。宋太宗太平兴国五年（980年），辩州改称化州。元朝时期，为化州路。明太祖洪武元年（1368年），改化州路为化州府，属广东行省。洪武七年（1374年）又降化州府为州。

古代海外沉香产地名

天竺：古代中国以及其他东亚国家对当今印度和其他印度次大陆国家的统称。中国历史上最早记载天竺的是《史记·大宛列传》，当时称为"身毒"（梵文Sindhu）。天竺一词出自《后汉书·西域传》中"天竺国一名身毒"。唐初统称印度和其他印度次大陆国家为天竺。后来玄奘西域取经归国，根据读音将天竺正名为印度。

但印度并非全境都产沉香，印度沉香的真正产地在现在的印度阿萨姆地区，以及周边的孟加拉国、尼泊尔、不丹及缅甸北部地区。这些地区自古就是信仰众多的多民族交融区域，所以它的历史演变也颇为复杂。而且阿萨姆地区与中国的联系远比我们想象的要深远许多，包括18世纪到19世纪印度沉香种在英国东印度公司的阴谋操纵下，被植物学界从沉香属中除名后合并到马来沉香种中的历史片段。

阿萨姆的早期历史只是在传说和史诗中有所反映。据印度史诗《摩诃婆罗多》称，阿萨姆地区的古国为"东辉国"。据现代历史学家的研究，"东辉"就是东方辉煌的意思，"东辉国"就是古代基拉塔人在印度东北部建立的一个辉煌的国家。印度宗教经典《吠陀经》称黄种人为基拉塔人，属于中国民族之一，即中国历史上的西戎。

阿萨姆地区于4世纪出现了一个著名的国度——迦摩缕波（Kamarupa），7世纪达到鼎盛。它极盛时期地域辽阔，不仅包括全部阿萨姆地区，还兼有孟加拉国北部，西起卡洛多瓦

印度史诗《摩诃婆罗多》记载的俱卢之战中的场景

河（Karatoya River），东至现今印缅边境的曼尼坡，北至不丹，南至恒河口。

大约在唐贞观九年间（635年），西游印度的高僧玄奘应迦摩缕波国王拘摩罗（Bhaskaravarman）的邀请，造访其国，留下了大量信史资料。其后，唐朝官员、外交家王玄策也曾数次出使该国。

据《大唐西域记》卷十记载，拘摩罗国王在邀请玄奘时称："印度诸国多有歌颂摩诃至那国（中国）《秦王破阵乐》者，闻之久矣，岂大德之乡国耶？"又表示："覆载若斯，心冀朝贡。"这说明唐朝文化已经对阿萨姆地区产生深远影响。

又据《大唐西域记》载："此国东，山阜连接，无大国都，境接西南夷，故其人类蛮獠矣。详问土俗，可二月行，入蜀西南之境。"这是南丝绸之路存在的重要证据。现今位于印度阿萨姆邦马普特拉河左岸的城市高哈蒂就是南丝绸之路上的重要中转站。按照玄奘的行进路线，自此向南行至三摩呾吒国，再向西行到古代恒河入海口的耽摩栗底港，与海上丝绸之路贯通。东晋高僧法显从印度回国时也是从耽摩栗底港登船的。因此，我们完全可以想象，最晚在魏晋南北朝时期，阿萨姆地区所产的高品质沉香已经大量地经由海上通道，向东来到中国，向西去往中东的波斯及欧洲的罗马帝国了。

玄奘取经图

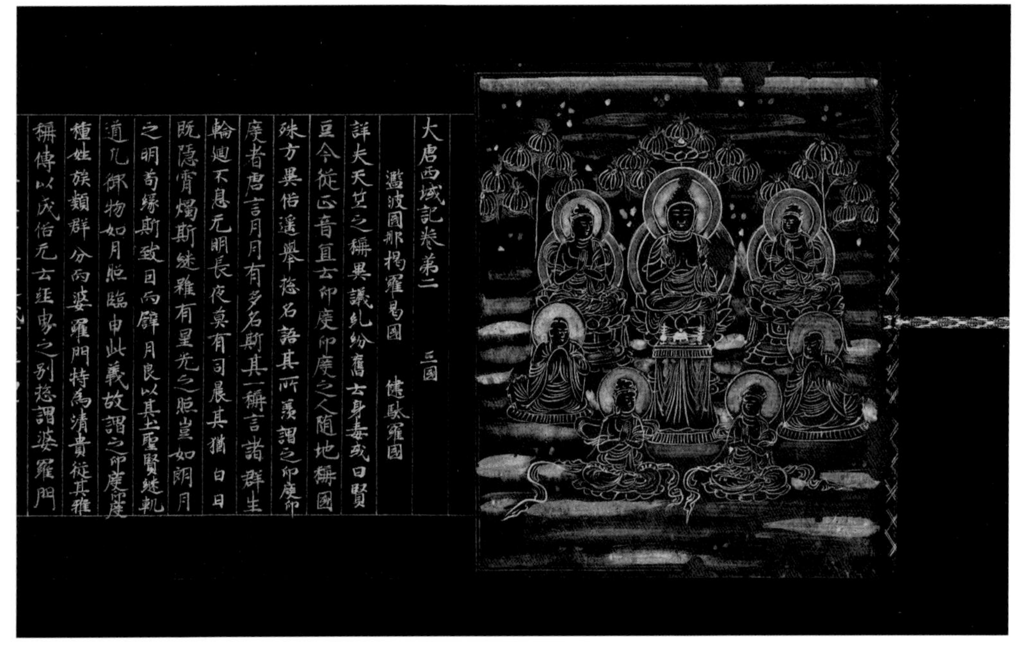
大唐西域記卷第二　三國
濫波國　那揭羅曷國　健馱羅國
詳夫天竺之稱異議糺紛舊云身毒或曰賢
豆今從正音宜云印度印度之人隨地稱國
殊方異俗遥舉總名語其所美謂之印度印
度者唐言月月有多名斯其一稱言諸群生
輪廻不息无明長夜莫有司晨其猶白日
既隱宵燭斯繼雖有星光之照豈如朗月
之明苟緣斯致因而譬月良以其土聖賢繼軌
道凡御物如月照臨由此義故謂之印度印度
種姓族類群分而婆羅門特為清貴從其雅
稱傳以成俗无云經界之别總謂婆羅門

大唐西域记

从12世纪开始，在衰落的迦摩缕波国土之上，出现了一系列的独立王国。其间，一支外来民族在阿萨姆地区迅速崛起，最终完成了统一。这便是由来自云南的傣族所建立起来的阿萨姆王国。

建立阿萨姆王国的傣族来自云南德宏。阿萨姆王国的建立者苏卡法在今云南省德宏州瑞丽市一带的傣族土王的王位继承人争夺战中失利，率众约9,000人西迁。他穿过云南边境，经过缅甸，最后到达今天的阿萨姆地区，并于14世纪中叶，建立了勐顿顺罕王国（意为富饶和充满黄金的国家），当地土著居民将勐顿顺罕称为Ha Siam，音变之后就读作了Assam，“阿萨姆”的地名便是由此而来。阿萨姆王国保留了许多汉文化习俗，其早期对于国王的称呼为“昭法”“王”或“君”，其中“昭法”为傣族语言习惯，“王”或“君”则是汉文化的语言习惯。此后的200年里，阿萨姆王国的势力不断扩张，掌控了阿萨姆地区的大部分土地，并控制了该地区的海上贸易，成为一个区域性的强国。

新近发现的一些考古证据证明，虽然时断时续，但在12世纪到16世纪的阿萨姆中世纪时期，该地区的国家与中国之间长期保持着某种依附和朝贡的关系。朝贡贸易在中国古代的海外贸易中占据着特殊的地位，尤其是那些优质的极品沉香等海外奇珍，更多是通过朝贡贸易，而非普通贸易进入中国的。

到了17世纪初，占据了南亚次大陆霸主地位的莫卧儿帝国，开始从各个方向积极扩展疆域，阿萨姆王国便成为莫卧儿帝国在东北方向扩张领土的主要障碍。阿萨姆王国被迫进入了一场与莫卧儿王朝之间长达半个多世纪的战争。在经历了18次大小战役之后，最终双方都没能征服对手，两国之间进入稳定状态。但长期的战争却使阿萨姆王国内部的矛盾四起，国内宗教纷争不断，各部族也纷纷自立，王国的统治出现了严重危机。而此后几任国王的对外求援又引狼入室，以致最终导致灭国的惨局。

1792年，时任阿萨姆国王的高利纳特·辛格向已经控制了孟加拉地区的英国东印度公司求助，威尔什大尉率部帮助阿萨姆王国平叛，混乱的局面暂时得以平息。不久，英国东印度公司在阿萨姆王国驻扎军队，开始介入阿萨姆的内部事务。

19世纪初，阿萨姆统治集团发生内斗，阿萨姆贵族巴丹旃陀罗在政治失败后逃至缅甸寻求援助。而此时的缅甸借着清缅战争胜利的势头，吞并了周边各国的大片土地，成为当时东南亚最为强大的政权，借此机会又于1817年举兵直取阿萨姆王都，俘虏国王。阿萨姆王国只得向缅甸臣服。5年后，缅甸正式吞并阿萨姆地区，阿萨姆王国灭国。

狮子国：即今天的斯里兰卡民主社会主义共和国，是一个位于南亚次大陆以南印度洋上

阿萨姆王国的建立者　苏卡法

印度阿萨姆茶园

的岛国。该国内仅有一种叫瓦拉拟沉香的拟沉香属植物分布，所产沉香数量不多。

扶南：又称夫南国、跋南国，意为“山岳”，是曾经存在于古代中南半岛上的一个古老王国，存续时间大概为1世纪到7世纪。其辖境大致相当于当今柬埔寨全部国土以及老挝南部、越南南部和泰国东南部一带。扶南是历史上第一个出现在中国古代的史籍上的东南亚国家，后为属国真腊所灭，在扶南和真腊的基础上后来演化出强盛的吴哥王朝。扶南是重要的沉香产地之一，自公元1世纪建国，即开始与当时中国的东汉王朝进行联系。至公元7世纪为真腊所灭，扶南国历代王朝都与古代中国有良好的外交关系和朝贡关系，两国在政治、经济、文化上有诸多的交往。

林邑：位于中南半岛东部之古国名，又作临邑国，约在今越南南部顺化等处。此地原系占族之根据地，西汉设为日南郡象林县，称为象林邑，略去象，故称林邑。东汉末年，有名为区连者杀害县令，自称林邑国王。东晋末，林邑屡屡侵扰中国，刘宋永初元年（420年），宋武帝遣交州刺史杜慧度南征林邑国，林邑请降，向刘宋称臣纳贡。隋大业年间

吴哥王朝遗址吴哥窟

（605年—618年），隋将刘方征服之，设置林邑郡，唐至德年间（756年—758年）改称环王国。其后定都于占城，故此地又称占城、瞻波、占婆、占波、摩诃瞻波、占不劳，至明代为安南所灭。林邑国也是重要的沉香产地之一，虽然被中国古代王朝屡次征服，又屡次脱离中原王朝统治，但与中原王朝之间的长期保持朝贡贸易关系，政治、经济、文化上也有诸多的交往。

占城、占婆：即林邑国。

真腊：又名占腊，为中南半岛古国，其境在今柬埔寨境内，是中国古代史书对中南半岛吉蔑王国的称呼。真腊很早就出现于中国古代史书的记载之中。秦汉时期真腊是扶南属国，《后汉书》称为“究不事”，《隋书》首先称为“真腊”，《唐书》称为“吉蔑”“阁蔑”，宋代称为“真腊”，又名“真里富”，元朝称为“甘勃智”，《明史》称“甘武者”，明万历后称“柬埔寨”。其实“究不事”“甘勃智”“甘武者”“柬埔寨”都是来自当地语Camboja的音译，“真腊”和“真里富”都是来自当地语Siem Reap的音译。真腊是重要的沉香产地之一。

婆律、婆利、渤泥：婆律以及婆利、渤泥这三个南海古国究竟确指何处，目前尚存争议。最常见的说法是，婆律位于苏门答腊岛西海岸，婆利即婆罗洲。另一种说法认为婆利国当为宋元文献中记载的浡泥国（又称“渤泥”），位于今加里曼岛西岸的文莱一带。但不管怎么说，这些地方都是沉香的重要产地。

登流眉：《宋史·外国列传》所记咸平四年（1001年）遣使与中国建立友好关系的丹眉流国，指的就是登流眉国。《诸蕃志》中的单马令国和《岛夷志略》的丹马令国，亦即此国。该古国国境的具体范围尚不清楚，大致在今泰国南部马来半岛洛坤附近。

三佛齐：室利佛逝国，简称佛逝。宋代后，中国史籍改称其为三佛齐王国，是7世纪到14世纪存在于巽他群岛（位于太平洋与印度洋之间，是马来群岛的组成部分，主要岛屿包括苏门答腊岛、爪哇岛、马都拉岛、婆罗洲、苏拉威西岛、帝汶岛、龙目岛、松巴哇岛、佛洛勒斯岛和巴厘岛等）的一个信奉大乘佛教的海上强国。它起源于苏门答腊岛东南部的巨港，在其鼎盛时期，势力范围包括马来半岛和巽他群岛的大部分地区，控制诸蕃水道之要冲，经济上主要依靠过境贸易。其首都先为巨港，后北迁占碑，也是重要的沉香产地之一。

在香界有个共识，即自汉武帝平定南越之地起，沉香就进入了中央王朝的朝贡清单。此说虽有南越王墓及广东地区西汉贵族墓出土的相关文物作为旁证，但至今仍没有文献及中原地区出土的实物等作为直接证据加以实锤。

目前，最早的关于沉香被中原地区认知的文献材料是东汉议郎杨孚所撰《交趾异物志》中的相关记载：

蜜香，欲取先断其根，经年，外皮烂，中心及节坚黑者，置水中则沉，是谓沉香。

这段文字至少可以解读出以下的信息。

一、时代信息。公元前111年冬，汉武帝剿灭南越国。后设交趾刺史部，地分九郡，部治羸娄。《交趾异物志》大约成书于东汉和帝年间，大致相当于公元100年。此时距汉武帝建立交趾刺史部已有200多年的时间。在如此大的时间跨度中，很难想象沉香这样的香材会不被当作珍稀贡品上贡给中原王朝皇室。但为何在《交趾异物志》之前，不管是“蜜香”也好，“沉香”也罢，均未见诸典册，真的又是一件让人颇为费解的事情。

二、关于采香技艺的信息。此句虽然只有短短二十九个字，但是却已涉及了采香技艺中几个最关键的原则。首先是“欲取先断其根”，细品一下就会发现，当时的采香人可能已经具备了辨别沉香林中哪些树可能结香的“慧眼”。其次“断其根”和“经年，外皮烂”，也说明当时的采香人已初步掌握了沉香的结香规律。

三、结合杨孚籍贯岭南的信息，以及书名采用“异物志”而非“风物志”“地理志”等文字的情况，不难推测，虽然“蜜香”在当时的交趾地区有一定的认知度，但是在中原地区，尤其是皇都长安、洛阳等地，沉香可能还只是被当作边地异闻中的“异物”，于坊间的奇谈中流传罢了。

关于沉香最早进入中原地区的时间以及最早被典籍记录情况等问题，有几点还需要着重说明一下。

一、宋代的《陈氏香谱》和明代的《香乘》，均收录了一个名为“汉建宁宫中香”的合香方。此香方可以被看作载于典册的“中华合香第一方”。其方如下：

黄熟香肆斤，白附子贰斤，丁香皮伍两，藿香叶肆两，零陵香肆两，檀香肆两，白芷肆两，茅香贰斤，茴香贰斤，甘松半斤，乳香壹两（别器研），生结香壹两，枣子半斤（干焙），一方入苏合油壹钱，右为细末炼蜜和匀，窖月余做丸。

“建宁”是东汉灵帝刘宏的第一个年号，使用时间在公元168年至172年之间。此时距杨孚所著的《交趾异物志》又过去了六七十年的时间，所谓南国奇物的“沉香”确实极有可能已进入中原王朝腹地，并为宫中所用。此方在宋以前未见诸记载，方中的“黄熟香”和“生结香”应该分别指的是“不沉水的熟结沉香”与“生结沉香”。参考《交趾异物志》中对沉香的粗浅认知和称呼，以及魏晋南北朝时期对沉香的记述，“黄熟”“生结”应该是汉代以后的名词。我们不妨大胆猜测一下，“建宁宫中香”也许在东汉末年确有其方，宋明两代“香谱”中记载的这个方子则很有可能是后世的香家在原方的基础上增删而成的。而沉香作为此方中的“君香”，用量如此之大，我们很难想象还有什么香料可以从气味上来替代沉香。所以沉香在汉代原方中应该本来就有，只是以当时对沉香的认识水平人们尚无法区分其生熟罢了。如此，则基本可以推断，最迟到东汉末年，沉香已经进入中原腹地，成为皇家的御用香品了。

二、传为西汉成帝时期的经学家刘歆所著的笔记小说《西京杂记》中有“飞燕昭仪赠遗之侈”一篇，记录了汉成帝册封赵飞燕为皇后当天，居住在昭阳殿的妹妹赵合德向姐姐送礼祝贺的一张礼单。上面记载了35类名贵礼物，包括各种用顶级丝织品夹以金银丝线做成的衣服、帽子、被褥、鞋子，以及各种金玉、宝石、珊瑚、琥珀、玳瑁等做成的首饰、屏风、扇子等。礼单的最后一项是一只“五层金博山炉”以及“回风扇”“椰叶席”等配套的用香器具，还有“青木香、沉水香、九真雄麝香”等名贵香料。此处的青木香并非《中华人民共和国药典》（下文简称《中国药典》）中记载的原产于中国的马兜铃科植物的根部，而是原产于天竺的菊科植物木香的根部；沉水香则是现在我们所熟知的“沉香”，产于天竺及南海诸国；九真是汉武帝平南越后所设的九郡之一，在今天越南的河内以南、顺化以北地区，九真雄麝香便是此地所产的麝香，十分名贵。

赵飞燕

木香

这段记载在宋代洪刍的《香谱》、陈敬的《陈氏香谱》以及明代周嘉胄的《香乘》等多本香谱类专著中都有收录。相当一部分人受这些记载的影响，认为《西京杂记》才是最早记载“沉香”的古籍，并以此为据证明沉香最早的记录应在西汉晚期。但是历代的香谱，只记载，不考据。所以这个结论是否正确完全依赖论据的真实性，也就是《西京杂记》的真实作者和成书年代到底是不是就和大家刻板印象中的一样。《西京杂记》被定为西汉刘歆所撰，主要是由东晋葛洪在他刊印出版这本书的跋中提出来的。我们现在看到的《西京杂记》其实并非原版，而是葛洪集结整理后的版本。关于这本书是不是刘歆所著，或者是不是西汉时期的佚名所著，不少学者对此持不同意见。持否定意见者的理由一是最早著录此书的《隋书・经籍志》未署撰者姓名，二是书中不避刘歆之父刘向的名讳，三是文中称“木香”为“青木香”。三国时期曹魏的史书中明确记载，这种来自天竺的香料就叫“木香”，其“青木香”之名最早在南朝梁陶弘景的《本草经集注》中出现，由此也可以从侧面证明该书的成书时间。但也有学者认为这些证据皆可商榷，比如避讳问题在西汉时尚不十分严密。《西京杂记》是一部介绍西汉一代帝王后妃、公侯将相、方士文人等的志人小说。既然只是涉及宫廷制度、礼节习俗、奇闻轶事的小说家之言，便无关历史的大方向，模糊一点也没大问题。所以大家就按照“存其旧”的原则，定为西汉刘歆撰，东晋葛洪集。但是，在考证到底哪本书最早记载“沉香”时，这个模糊的结论就显得站不住脚了。

三、如果仅以历史事件之间可能产生的关联来猜测沉香最早进入中原王朝视野的时间，那么与其说是汉武帝时期，我们宁愿相信是在更早的战国晚期到秦帝国时期。根据佛教《善见律毗婆沙》的记载，阿育王就已经派叫作大德摩诃勒多的僧人前往兹那世界（汉地）传教，同时还带去了佛教的圣物——佛舍利，并建立舍利宝塔加以供奉。孔雀王朝的阿育王生卒年代为公元前303年—前232年，他晚年皈依佛教，派僧人向全世界传布佛法，并在全世界范围内建造了八万四千座佛塔。所以按照阿育王的卒年时间推算，他派遣的僧人进入中原地带的时间差不多就是战国末年到秦帝国建立的那十几年的时间里。而在各类佛教经典中，沉香均被当作供佛的圣品。我们有充分的理由相信，天竺所产的沉香极有可能就在那时随着传教的僧人和佛门至宝“佛舍利”一起进入了中原地区。

总之，无论是严谨的“东汉末年说”，还是推测所得的“战国末年—秦朝初年说”，秦汉时期，广阔的南中国地区都融入了大一统皇朝的版图中，连接东亚、中亚、西亚和欧洲的陆上丝绸之路得以凿通，连接东南亚、南亚、西亚和欧洲、非洲的海上丝绸之路初步形成。这一切都为沉香走出深山，进入中原王朝奠定了基础。

三国时期，大秦国（罗马帝国）的使者、商人通过陆上丝绸之路与位居中原的曹魏贸易往来十分频繁。曹魏官修史书《魏略·西戎传》中，就记载了来自大秦国的12种香料：“一微木、二苏合、狄提、迷迷、兜纳、白附子、薰陆、郁金、芸、胶、薰草、木香。”这些被大秦商人运到中原的香料，来自丝绸之路沿途的各个国家。如郁金（藏红花）原产自波斯等地，木香（香附子）产自天竺国，迷迷（迷迭香）产自北非。值得注意的是这一香料清单中并没有沉香，可见南亚、东南亚地区所产的沉香当时并没有经由陆上丝绸之路作为贸易商品进入中国。

正所谓“香最多品类，出交、广、崖州及海南诸国”，就产地而言，处在南方的东吴政权得到香料显然要比北方的曹魏容易得多。据记载，交趾太守士燮时不时就向国主孙权供奉香料与各种奇珍异宝，动辄数以千计。香料名贵，士燮为何出手如此大方？盖因士燮及其兄弟掌控下的交州，正是香料进口的主要地区。

阿育王石柱　印度鹿野苑博物馆藏

南京大报恩寺遗址长干寺地宫出土的鎏金七宝阿育王塔

藏红花

香附子

迷迭香

吴黄武五年（226年），士燮去世，孙权任命吕岱为交州刺史，彻底掌控岭南地区。同年，孙权接见了一位不知其名只知其字为“秦论”的大秦国商人，并获得了海外的一些信息，并多次派遣船队远航海外“南宣国化”。此后，扶南、林邑、堂明等南海诸国便屡屡向东吴遣使供奉。从此交趾郡便成为东南沿海地区的贸易中心，包括沉香在内的名香与奇珍也从这里源源不断地流入中国。东吴大臣万震、康泰分别撰有《南州异物志》与《吴时外国传》，分别记载了诸多名贵香料及其产地，如沉香、鸡舌香、藿香、豆蔻、甲香、流黄香等，多出自扶南、顿逊、都昆、真蜡等南海诸国。

东吴的“南宣国化”是中国历史上第一次大航海运动，在扩大了中国在海外影响力的同时，也开启了中国与南海诸国之间的友好贸易往来。它既是古代中国大规模海上贸易的开端，也是中国大规模沉香贸易的开端。从这一时期开始，以沉香为首的名贵香料就逐渐成为贸易总规模最大的货品之一。

需要进一步说明的是，自三国东吴时期开始的大规模海上贸易，从海外输入中国的商品

豆蔻

甲香

大部分是伴随着各国使臣带来敬献给中国皇帝或某些较具实力的地方政权的“朝贡品”，而从中国出口的大宗货物则是这些国家当时无法制造出来的丝织品、漆器、瓷器等。从本质上讲，这样的贸易形式并非现代意义上的自由贸易，而是带有小国向“天朝上国”进行朝贡性质的“朝贡贸易”。在这样的贸易形式中，这些朝贡品的质量多半超出了普通贸易货品的质量，且往往是优中选优的特供品。而中国出口的货品，虽然从现代人的视角来看只是一些具有商品性质的手工业产品，在当时却是毫无争议的高精尖技术产品。况且很多时候，为了显示“天朝上国”的富饶与气度，这些用来交换的手工业产品的总价值，一定是远远超出朝贡品的价值的。换句话说，每次来朝贡虽然路途艰辛，路费也不少，但朝贡者只要拿一些“精品土特产”就能换回数倍价值的“高科技产品”和“国际大牌时尚产品”。而且朝贡期间还都是好吃好喝地招待着，多半时候更能得到额外的赏赐以抵消路费。这样的好买卖谁不愿意做？于是，朝贡贸易便一发不可收，规模越来越大，一直持续到八百多年以后的南宋时期，才被另一种贸易形式替代。

西晋八王之乱后，中国北部出现了众多的割据国家，相互攻伐，征战不休，南迁的东晋及其后继的南朝失去了对西域的控制，自汉以来的陆上丝绸之路受阻。南方诸朝和北方沿海各国便开始利用地域之便，拓展海外贸易。

东晋至南朝时期，位于中南半岛的林邑、扶南以及南洋诸国与南中国政权交往不断。东晋咸康年间，林邑遣使贡献沉香、象牙、犀角等宝物。南朝宋大明二年（458年），林邑王遣使“奉表献金银器及香布诸物”。南朝齐永明二年（484年），扶南王请南齐出兵助其与林邑作战，贡献金镂龙王坐像、白檀像、牙塔、古贝、琉璃苏鉝、玳瑁、沉香等特产。梁朝时，扶南国多次遣使贡献方物，多为旃檀瑞像、婆罗树叶、生犀及火齐珠、沉香、郁金、苏合等香料。梁天监五年（506年），崇佛的梁武帝遣僧人往扶南迎佛发，随佛发一同迎回的还有包括沉香在内的供佛诸宝。其他南海诸国如顿逊国、盘盘国、丹丹国、婆利国等均向南朝遣使朝贡，进献沉香、檀香、牙像、犀角等特产。

南朝时期，南海诸国朝贡来的沉香量相当可观。据记载，梁简文帝在位时，扶南国曾经一次朝贡就带来了五百六十多斤的沉香，即使是按照当时的一斤相当于现在大约两百五十克计算，也有一百多公斤。这还只是一个国家一次朝贡的量。如果将南海各国历年朝贡的沉香量加在一起，照此类推，估计当时宫廷库房里长年积累下来的沉香没有几十吨，也有个十来吨吧。难怪梁武帝会首创用沉香在南郊明堂祭天，而用本土香料做的合香祭地。人家老萧家给的理由是沉香至阳，更适合祭天，本土香料和咱们自己的国土更亲近。虽然史书上并未记载一次祭天要用掉多少沉香，可不管多少，人家也就有那个家底，既然库房里有这么多，为什么不用来供奉老天，老天最大不是吗？

梁武帝算是历史上第一个“巨量”沉香使用者，半个世纪以后的另一位帝王，在沉香使用规模上远超梁武帝，更是把自己的用香爱好，活生生演绎成了一场空前绝后的“行为艺术”。这就是隋炀帝杨广的“除夜沉香火山”。在唐人苏鹗的《杜阳杂编》中有记载，隋炀帝每年除夕都要在皇宫各个大殿前的院子里堆起一座座的沉香山，再浇上用甲香、麝香、玫瑰等名贵香料一起熬制而成的香油膏，然后点火焚烧。沉香山燃烧之时，火焰高达数丈，火

梁武帝

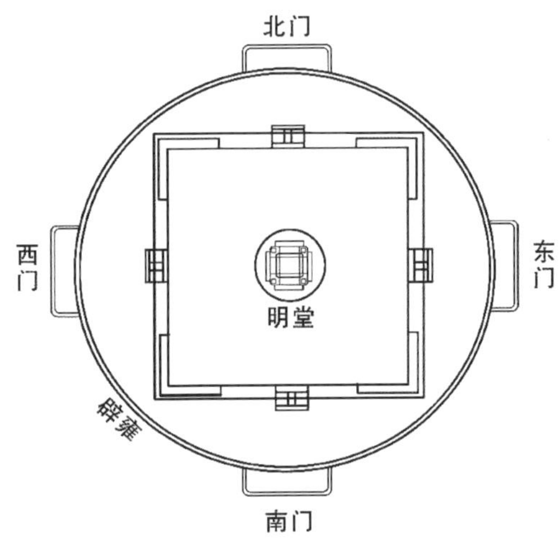

明堂平面示意图

隋炀帝

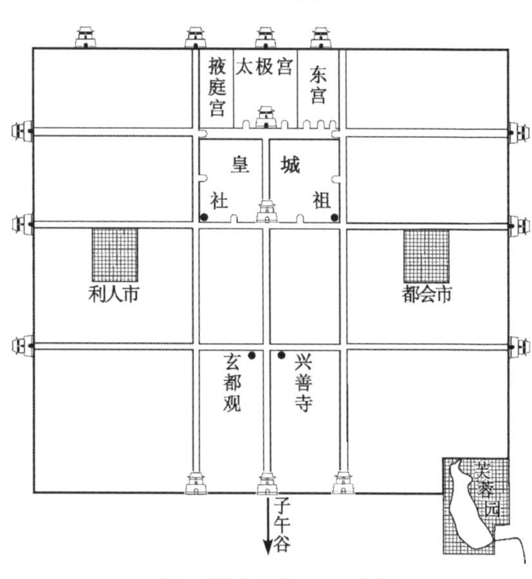

隋代国都大兴城平面示意图

光映照在宫殿里悬挂的宝珠上，散发出来的光芒把整个皇宫照得像白天一样明亮。香烟随风飘散，数十里外都能闻到浓重的香味。每一座沉香山要耗费几推车的沉香，一晚上下来总计要烧掉两百大车的沉香和两百石的油膏。这则记载虽是小说家言，但以隋炀帝在位时好大喜功、滥用民力、横征暴敛、频繁征战以至于国力衰竭、民不聊生的史事观之，他做出如此惊世之举亦不为怪。殊不知，沉香既秉天地之精华而生，必有灵性在焉。能做出如此暴殄天物之举，天地又何以有存而保之之理耶？这是小说家在借沉香之事，以春秋笔法，明隋炀帝必亡之理。如此观之，香事，也可以是大事，善用其心而已。

魏晋南北朝至隋代，随着海上丝绸之路的繁盛，以及中国在东南亚和南亚地区影响力的日益增强，沉香作为朝贡贸易的主要进口品，大量地进入了中国。虽然皇宫内院和少数权贵拥有大量沉香，使之通过祭天等重大礼仪活动正式“登上历史舞台”，但其仍然属于稀有的海外“奇珍异物”，在民间尚属只闻其名，未能亲见的状态。所以这一时期可以看作沉香初步与中华文化相融合的阶段。

有记载，唐代前期向中国朝贡沉香的主要是南海的林邑国（今越南中南部），共朝贡三次。据《梁书》卷五十四《诸夷传・林邑国传》云：“林邑国者，本汉日南郡象林县……又出玳瑁、贝齿、吉贝、沉木香。”沉香是林邑国的特产，从天宝八载（749年）的朝贡来看，林邑国的单次朝贡量为三十斤。其中有两次朝贡发生在唐玄宗统治的盛唐时期，其政治意义较为明显。

唐代后期向中国朝贡沉香的是波斯的大商人李苏沙。当时波斯国已经灭亡，李苏沙朝贡沉香，主要是为了获取经济利益。李苏沙获得的经济回报极为丰厚，据《册府元龟》卷四百六十"台省部正直"云："长庆四年九月，波斯大贾李苏沙进沉香亭子材，以钱一千贯文、绢一千匹赐之。"长庆年间的绢价，据韩愈《论变盐法事宜状》云，"初定两税时，绢一匹直钱三千，今（长庆二年，822年）绢一匹直钱八百"。若按此价计算，则绢一千匹为八百贯，再加上一千贯的现钱，则波斯大商李苏沙此次所献沉香亭子材的总价值为一千八百贯钱。据大谷文书第3,096号所载，唐代沉香的售价为"沉香壹分上直钱陆拾伍文次陆拾文下伍拾伍文"。据张亚萍、娜阁《唐五代敦煌的计量单位与价格换算》一文，"壹分"相当于"四分之一两"，则一斤等于六十四分。若取上等沉香的价格计算，一斤沉香的价格为四千一百六十文，一千八百贯的沉香亭子材约合四百三十三斤。波斯并非沉香的产地，波斯商人只是沉香贸易的中介商而已，他们把南海诸国所产的沉香贩卖到中国获利。早期的阿拉伯相关著作中记载有"到达一个叫占婆（即唐代的林邑国，宋代称占城、占婆）的地方，该地可取得淡水。沉香木正是从这里来的，叫作'占婆木'"。这充分表明当初的波斯、阿拉伯商人对南海诸国所产沉香的关注。

宋代的时候，向中国朝贡沉香的主要是南海诸国，有占城（今越南中南部）、交趾（后称安南，今越南北部）、三佛齐（今苏门答腊岛）。据不完全统计，占城、交趾与三佛齐向宋朝朝贡的沉香总量为146,619.5斤，远远超过唐代沉香朝贡的总量，其经济意义极其明显。其中占城朝贡沉香的总量达136,450.5斤，说明占城自宋代起已成为沉香的主要出口国。据丁谓《天香传》所记，占城是沉香和栈香的重要产地，产量极多，占城国人常常把沉香卖到中国的广州或大食（今阿拉伯），"占城所产栈（栈香）、沉（沉香）至多，彼方贸迁，或入番禺，或入大食"。据《诸蕃志》卷上"占城国"云："土地所出，象牙，笺、沉、速香……官监民入山斫香输官，谓之身丁香，如中国身丁盐税之类，纳足听民贸易。"其中笺、沉、速香均为沉香的不同品种，"身丁香"所交纳的无疑也是土产的沉香。

交趾国，即古交州，汉武帝元鼎六年（前111年）设郡，之后历经隋唐，一直是中国的郡县。968年，丁部领建立了自主的封建国家，被宋太祖封王，视为"列藩"。之后的交趾国经历了前黎、李、陈等朝代。南宋淳熙元年（1174年），宋孝宗改交趾国名为安南。交趾最重要的物产是沉香、蓬莱香。《诸蕃志》卷上云："交趾，古交州……土产沉香、蓬莱香。"

经典动画片《九色鹿》中波斯商人的形象

三佛齐，即唐代的室利佛逝国，该国自绍兴二十六年（1156年）始朝贡笺香（即栈香），但却并未有进献沉香的记载。这说明该国从南宋时起，才开始注重沉香的生产与出口。

宋代朝贡沉香的次数较唐代大为增多。唐代朝贡沉香的次数为4次，宋代为24次，是唐代的6倍。其中占城朝贡沉香的次数最多，达15次，是唐代林邑国朝贡沉香次数的5倍。宋代朝贡沉香的数量较唐代有了惊人的增长。唐代林邑国朝贡的沉香，其单次朝贡量大多为30斤左右。宋代占城国朝贡的沉香，于北宋皇祐五年（1053年）十一月二十一日单次朝贡的各类沉香就多达65,874斤，南宋绍兴二十五年（1155年）十月十四日单次朝贡的各类沉香也达65,591斤。据不完全统计，宋代沉香朝贡总量达146,619.5斤，远远超过唐代沉香朝贡总量。

宋代朝贡沉香的种类较唐代也有了大幅度增加。唐代朝贡的沉香为林邑所产的黑沉香。《册府元龟》卷九百七十一“外臣部·朝贡第四”云，天宝八载林邑国所献沉香为黑沉香：“九月，林邑国城主卢随遣使来朝，献珍珠一百条、黑沉香三十斤、鲜白影二十双。”据《诸蕃志》卷下载，黑沉香是林邑沉香中的上品：“（沉香）坚黑者为上，黄者次之。”宋代朝贡的香料种类繁多，就大的类别来说，分为沉香、笺香、熟香、澳香、暂香、细割香、乌里香七大类。其中沉香又细分为蜡沉香、普通沉香、附子沉香、沉香头；笺香又细分为上笺香、中笺香、笺香头、笺香头块、加南木笺香；熟香又称速香，细分为夹笺黄熟香、上速香、中速香。以上七大类别总计十六个品种。

宋代沉香朝贡贸易量远超过唐代的原因是宋人对沉香需求的扩大。宋代，药用沉香的需求呈扩大趋势。唐代尚且没有以沉香命名的医方，沉香多是与青木香、熏陆香（乳香）等一起，在五香汤、五香散、五香丸中发挥其功效。宋代则出现了大量以沉香命名的医方，如《太平惠民和剂局方》卷三“治一切气”、卷五“治诸虚”中即有大沉香圆、沉香鹿茸圆、撞气沉香圆、丁沉圆、丁沉煎圆、神仙沉麝圆、调中沉香汤、沉香降气汤、十八味丁沉透膈汤、乌沉汤、白沉香散、沉香鳖甲散、沉香荜澄茄散等。这些以沉香命名的医方主要用于治疗冷气导致的心腹疼痛、霍乱吐痢、气血虚损、肺结核等病。宋代沉香药效的不断开发，导致对药用沉香的需求大幅激增。

其次，宋人焚香、佩香、熏衣等日常生活所用沉香数量也呈增长趋势。沉香能与众香调和，其品质与儒家“以和为贵”的理念非常契合，故在东方的合香方中常常居于首位。范晔《合香方序》认为，沉香品性易和，多用无妨，不像麝香，多用有害：“麝（香）本多忌，过分必害。沉（香）实易和，盈斤无伤。”北京中医药大学张琳颖对《陈氏香谱》研究认为，在十一种印篆香方、二十四种龙涎香方、十五种衙香方、九种熏衣香方、十二种拟兰香方、七种拟木樨香方中，沉香的使用频次均为最高。《陈氏香谱》是对宋代民间用香方法的总结，其中既有计时的印篆香，也有衙门、书房所烧的衙香，佩戴的软香，熏衣的衣香等。这些香方中沉香的高频次使用率，充分说明沉香在宋人日常生活中起的重要作用。《清明上河图》中即有一家香料铺，门前的竖牌上写着“刘家上色沉檀拣香”，可见沉香颇为宋代民众的世俗生活所需。

另外，宋人宗教仪式中所用沉香的量同样也呈增长趋势。据《宋史》卷一百一十九“礼志”载，南宋时期，金国使臣在拜见皇帝后，一般都要与伴使到天竺寺烧香，皇帝要赏赐沉香等物，用于使臣供佛：“（北使）与伴使偕往天竺烧香，上赐沉香、乳糖、斋筵、酒果。”尤其值得注意的是，宋代道教仪式中所用沉香颇多。据丁谓《天香传》载，“真仙所焚之香，皆闻百里……然则与人间所共贵者，沉水（香）、熏陆也”，“沉、乳二香，所以奉高天上圣，百灵不敢当也”。其中沉香地位又比熏陆香（即乳香）尊崇，“盖以沉水为宗，熏陆副之也”。宋真宗大中祥符初，丁谓担任天书扶持使，整日在道场里从事打醮斋戒等仪式，从白天到黑夜，不断焚烧各种名贵香料，气味芳香浓烈，十分奇特，有的竟是闻所未闻，其配料大多以沉香、乳香磨成细末，再用龙脑香调和。这种独特的配香方，宫中都少有人知晓，宫外的人更是莫知其详。到了庆奉祭祀之日，真宗又会将大量名贵的沉香赏赐在道观从事祭祀仪式的权势之家。丁谓《天香传》又载：“祥符初，奉诏充天书扶持使，道场科醮无虚日，永昼达夕，宝香不绝，乘舆肃谒则五上为礼。真宗每至玉皇真圣祖位前，皆五上香也。馥烈之异，非世所闻，大约以沉水、乳香为末，龙香和剂之。此法累禀之圣祖，中禁少知之，况外司乎?……在宫观密赐新香，动以百数沉、乳、降真等香，由是私门之沉乳足用。”

还有就是南海诸国沉香产量有了大幅度增长。天宝八载，林邑国向唐朝朝贡沉香的数量为30斤。两宋时期，占城国向宋朝朝贡沉香的数量多次超过6万斤。这充分说明11世纪中期以后，占城国的沉香产量有了大幅度增长。皇祐五年（1053年）和绍兴二十五年（1155年），占城国朝贡的“乌里香”数量最大，均为55,020斤。据徽宗政和五年进士叶庭珪记载，乌里香是占城国乌里地区的人用来交纳租役的香。陈敬《香谱》载：“（乌里香）出占城国，地名乌里。土人伐其树，札之以为香，以火焙干，令香脂见于外，以输租役。”官府为了得到更多的沉香，要求民众入山用刀斧砍伐香树，获得沉香后，上交官府，称之为“身丁香”。它就类似于我国古代的丁税和盐税之类，只有完成交税任务后，剩余的沉香才允许民众自由贸易。占城政府征收“身丁香”的举措，对于沉香产量的增加无疑起到了极大的推动作用。

交趾郡于唐朝调露元年（679年），更名为安南都护府，在其下辖的日南郡的土贡中即有沉香。《新唐书》卷四十三上“地理志”云：“安南中都护府，本交趾郡……（欢州日南郡）土贡金、金薄、黄屑、象齿、犀角、沉香、班竹。”但是据《通典》记载，唐代日南郡沉香的贡量极少，仅为20斤。该书卷六“食货六・赋税下”云：“（安南都护府）日南郡贡象牙二根、犀角四根、沉香二十斤、金薄黄屑四石，今欢州。”南宋时期交趾国的沉香朝贡量达9,720斤，为唐代在该地区贡量的486倍。可见交趾立国后，极其重视其国内沉香的生产，希望在与宋朝的沉香朝贡贸易中大获其利。

唐代的室利佛逝国并未有进献沉香的记载。但是三佛齐国从南宋时起，也开始注重沉香的生产与出口。据《诸蕃志》记载，三佛齐国产沉香、速香、暂香、粗熟香等多个沉香品种：“土地所产象牙……沉、速、暂香、粗熟香。”只是三佛齐国所产沉香质量不佳，没有真腊和占城所产的沉香好：“沉香所出非一，真腊为上，占城次之，三佛齐、阇婆等为下。”

最后，宋代中国与南海诸国之间的贸易往来较唐代也更为频繁。林邑国向唐朝朝贡只有二十七次，占城国向宋朝朝贡则有五十余次；室利佛逝国向唐朝朝贡只有两次，三佛齐向宋朝朝贡达三十多次，说明那时候南海诸国是积极主动地与宋朝开展贸易活动的，以加大其以香药为代表的土特产品的出口力度。宋王朝由于外有岁币，内有冗员，所以也急需通过香药专卖的收入来缓解财政困难的窘况，因此就积极派遣官吏到南海诸国进行贸易。《宋会要辑稿・职官》四四之二载：“雍熙四年五月，遣内侍八人，赍敕书金帛，分四纲，各往海南诸蕃国，勾招进奉，博买香药、犀牙、珍珠、龙脑，每纲空名诏书三道，于所至处赐之。”此外，宋朝政府还采取多种举措招诱南海诸国的商舶来中国贸易。《宋史》卷一百八十六“食货志”中载“互市舶法”：“雍熙中，遣内侍八人赍敕书金帛，分四路招致海南诸蕃。”宋朝南迁后，由于地缘关系，与南海诸国之间的贸易往来更为频繁。南宋建炎、绍兴之间，香药年入百万贯；高宗末至孝宗初，香药年入增至两百万贯，其中宋代中国与南海诸国之间沉香贸易是香药来源中的重要部分。

占城从北宋立国之初，就积极发展与宋朝的沉香朝贡贸易。宋仁宗皇祐五年（1053年）后，其沉香朝贡量更是有了惊人的增长。宋朝与交趾国之间的沉香朝贡贸易均发生在南宋时期，当时正值李朝统治交趾时期，商业得到了较快发展。自交趾国的京都升龙（今河内）有许多水路和陆路可以与各地通商，北边可以到达与中国接壤的边界，对外贸易主要是通过边界地区进行的。仅在中国与交趾的边界地区，李朝时期就出现了许多大的贸易中心，如永平、横山、钦州。在南海诸国中，三佛齐实力最强，据海上交通之要道，乃各国商舶汇聚之地。赵汝适《诸蕃志·卷上》载："扼诸番舟车往来之咽喉……若商舶过不入，即出船合战，期以必死，故国之舟辐凑（辏）焉。"

这里有一个有趣的现象需要提醒大家注意。虽然宋明两代文人中的爱香者对海南沉香的评价极高，而且因为苏东坡、屠隆等一大批文化名人撰文著书的大力赞扬，似乎海南沉香与域外沉香之间的高下优劣十分明显。但是翻阅《宋会要辑稿》《明会要》等史料时我们却发现，在海南沉香被文人大赞的宋明两代，皇家用香以及在皇家赏赐的沉香中仍是以域外沉香居多。为什么会出现如此大的反差呢？究其原因，大概是唐代以前以沉香为代表的名贵香料一直是皇家及公卿贵胄的专属奢侈品，宋代以后文人士大夫也开始参与到爱香用香的行列中。域外沉香作为皇家贡品，士大夫阶层自然很难得到，但是海南沉香等其他国产沉香就相对容易获得了。所以文人士大夫阶层选择海南沉香多多少少就有点退而求其次的意味。但是随着越来越多的文人将更富韵致的文化内涵加入品香活动中后，海南沉香等国产沉香也被赋予了更多的文人气质。这样就出现了以奢华绮丽为核心的"皇室贵胄用香"和以雅致蕴藉为核心的"文人用香"两大传统条线。"皇室贵胄用香"仅限于皇家宫禁，除了史料典籍记载以外，包括文人士大夫在内的绝大部分人都难窥其全貌，时人自然不知域外沉香之妙，也就更不可能撰文著书为之夸赞。而宋代以后，文人士大夫的生活方式成为整个社会争相效仿的理想生活方式，以至于"文人用香"也成了多数人意识中的主流，所以文人士大夫本出于无奈退而求其次的选择，就成了民间玩香者推崇的上品。加之明代以后实行海禁制度，域外供香基本为皇家独占，就连海南沉香、岭南沉香也一度禁止离开原产地交易。民间因此只知有海南沉香等国产沉香，且"递购艰难"（明屠隆语），更无复得知域外沉香为何物了。

不可否认，海南沉香的确可以说"一片万钱"，特别是沉水树心油，更是难得之货。然"香出占城者，不若真腊，真腊不若海南黎峒，黎峒又以万安、黎母、东峒者冠绝天下，谓之海南沉一片万钱"，却是断章取义。这句话出自蔡绦的《铁围山丛谈》，原话应该是："香出占城者不若真腊，真腊不若海南黎峒，黎峒又以万安黎母东峒者冠绝天下，谓之海南沉一片万钱，海北高、化诸州皆栈香耳。"特别是最后一句"海北高、化诸州皆栈香耳"。古人说："入水即沉是沉香，半沉半浮是栈香，其次黄熟香。"我们姑且把目光放到一千年前的北宋，当时有个人叫丁谓，乾兴元年（1022年）被流放到海南，在海南深入了解沉香后著《天香传》，其中一句："琼管之地，黎母山酋之，四部境域，皆枕山麓，香多出此山，甲于天下。然取之有时，售之有主，盖黎人皆力耕治业，不以采香专利。闽越海贾，惟以余杭船即香市，每岁冬季，黎峒待此船至，方入山寻采，州人役而贾贩，尽归船商，故非时不有也。"这段话说明当时黎人努力耕作，不以采香为唯一职业，采香有固定的时间，时候不到绝不进林采香。还有一句："雷、化、高、窦亦中国出香之地，比海南者，优劣不侔甚矣。既所禀不同，而售者多，故取者速也。是黄熟不待其成栈，栈不待其成沉，盖取利者，戕贼之也。非如琼管皆深峒，黎人非时不妄翦伐，故树无夭折之患，得必皆异香。”雷、化、高、窦皆指雷州（现属湛江市）、化州（现属茂名市）、高州（现属茂名市）、窦州（现属信宜市），四州皆在广东。这四州香农采香不候其成，黄熟香不会等它变成栈香，栈香不会等它变成沉水香，不如海南黎人，非时不采，树无夭折之患，所以海南多沉水香，而广东四地都只能达到栈香而已。这才是海南沉香一片万钱的主要原因。在我看来，不管是广东、香港，还是海南，抑或是印度、越南、柬埔寨，这些地方都常有绝顶好香。假若真的是“占城不若真腊”，又怎会有“自古占城出棋楠”之载。

寻香日久，所见好香越来越多，听到的香故事越来越多，未免迷茫于香事豪奢，醉心于香中富贵之事。清宵梦回时，但见案上沉香如故，常叹初心何所在，馨香何所以。人香对境，物我两忘，无香亦无我，香中至味，不在香亦不在我。四顾茫茫，更何以为香！继而奋起，廓清心头迷雾，寻回爱香之本怀。

识　香

◎　香食同源

◎　焫萧灌鬯

◎　香祖之争

◎　沉实易和

◎　何为沉香

◎　沉香品类

◎　沉香族之谜

◎　沉香族诞生

◎　沉香族分布

识香

2004年年底，一个名为“周秦汉唐文明大展”的文物特展在上海博物馆举办。在短短一个多月的展期里，参观量竟然高达30万人次，成为当年的文化热门事件。展览的第二部分名为“法门寺地宫秘宝”，展出的是陕西法门寺佛骨舍利地宫出土的文物。这些震惊世界的佛教文物里有相当一部分是香料和香具，它们用香风瑞霭勾勒出来的大唐气象，是探秘中国唐代用香历史的第一手资料。

中国人从来不吝惜于对“大唐”的美好想象，贞观之治、开元盛世，几乎成了大部分中国人词汇库里“太平盛世”的同义词，以至于中国人但凡去本土以外的任何地方，几乎都会以“唐人”来称呼自己。大唐是一个雄壮瑰丽的史诗般的时代，帝国广袤的疆域，巍峨迤逦如天宫一般的宫室殿宇，经济繁荣，国力强盛，四海宾服，万邦来朝，很多人至今还坚信，当时的“大唐”就是整个宇宙的中心。

大唐通过丝绸之路与中亚、西亚、东南亚诸国进行着广泛而深入的文化交流，大量的中国丝绸、瓷器、茶叶由这条道路输入欧洲。因此，在欧洲人看来这条路是“丝绸之路”；而在中国人看来，通过这条路输入中国的商品主要是香料、珍宝，因而也可称之为“香料之路”。阿拉伯地区以其独特的自然气候和文化环境，使得阿拉伯商人及其贩运的香料在丝绸之路上声名远播，一定程度上可以说，有了阿拉伯，才有了溢满丝绸之路的香料和香文化；同时也可以说，香料、香药及香文化是丝绸之路上东西方民族交流的文化纽带和文化底蕴之一。

安史之乱前，产自非洲、欧洲和阿拉伯地区的“西来香料”由西域诸国经横跨欧亚大陆的丝绸之路源源不断地运抵中国。“西来香料”中最为贵重的香料是乳香、郁金等。

法门寺地宫出土的鎏金莲花纹银熏炉

安史之乱后，随着造船和航海技术的提高，除了非洲、阿拉伯地区的香料以外，大量南亚、东南亚地区的“南来香料”由海上丝绸之路经两广、福建进入北方。“南来香料”中以沉香、檀香、龙脑香、丁香等最为名贵。

据《法门寺物帐碑》记载：“真身到内后，相次赐到物一百二十二件……乳头香山二枚重三斤，檀香山二枚重五斤二两，丁香山二枚重一斤二两，沉香山二枚重四斤二两。”从种类上看，其中香料基本涵盖了“西来”与“南来”香料中最贵重的几种。

乳香是橄榄科乳香树树皮渗出的含有挥发油的香味树脂，干燥后多呈乳头状，故称乳香、乳头香，也叫薰陆香，主要产于红海沿岸的索马里、埃塞俄比亚及阿拉伯半岛南部地区。乳香是西方宗教活动中最重要的香料之一。随着丝绸之路的开通，西方乳香开始传入我国，是“西来香料”中最为名贵的香料。唐宋两代，乳香是外商赖以与中国禾贸易的奇货。

沉香自东汉以来就被视为“众香之最”，是“南来香料”中最为名贵的香料。在佛教中，沉香地位很高，是浴佛、供佛的主要香料之一。檀香树原产于印度，被视为“圣树”，与佛教同源传入中国，是雕刻佛像和浴佛、供佛的重要香料。丁香，又称鸡舌香，唐代时主要来自现在东南亚的越南、印尼、菲律宾等国，因其细长如钉，故得此名。丁香具有浓郁的花香味，且带有辛辣味，具有提神、清洁口腔的作用，唐宋两代多被当作“口香糖”使用。至于龙脑、郁金不在其中，大概是因为龙脑易挥发，郁金过于轻盈细巧（据考证唐代的郁金指的是藏红花），无法做成山状的缘故。以这些香料成堆恭奉佛舍利的习俗至少一直延续至宋代，南京长干寺佛舍利地宫也曾出土过盛满乳香、沉香的金银器，不过法门寺的香山出自皇家，长干寺的香盒来自民间。

《法门寺物帐碑》所记载的这四种香山里，檀香山、乳香山、丁香山均已朽坏无存，唯有沉香山经千年，历久弥香。法门寺地宫后室一共出土了11块由唐懿宗供奉的沉香，总重1,701克。这些沉香可组成山峦状，山峰错立，高耸峻峭，每块沉香均用金粉描绘出山峦脉络。这种沉香描金的装饰法，为历代典籍所未载，实属罕见。沉香的木质部木纹清晰可见，部分木纹间有黑色油脂，材质中空或有不规则孔洞，部分有虫蚁啃蚀痕迹。据此可以初步判断这11块沉香应该属于虫漏沉香，至于是否如近年来有专家所说，其中有些沉香应该已达到棋楠品级，只有期待将来有幸一一品闻后方可确定。

就在本书写作期间，新华社发布了一则关于法门寺地宫出土香料的最新研究信息：

法门寺地宫出土唐懿宗供奉描金沉香

近期故宫博物院、中国科学院大学与法门寺博物馆的研究人员，共同对陕西省宝鸡市法门寺地宫中唐代皇家器物里的香料进行了分析研究。

通过研究分析表明，取自八重舍利宝函之第七重内的1号样品黄色香料为橄榄科橄榄属植物所产的榄香脂。唐代古籍中很少有关于“榄香”的记载，这也是我国目前首次发现唐代榄香脂的实物证据。取自智慧轮壶门座盝顶银函内的2号样品植物根干状香料为沉香。取自鎏金双鸿纹海棠形银盒中的3号样品棕褐色粉末中同时检测出木质素、沉香的特征标记物及乳香的特征标记物，可见其是将沉香木与乳香磨成粉后混合制成，这是目前我国古代合香较早的物证。

此项研究首次揭示了法门寺地宫中出土的唐代合香的主要原料为沉香与乳香，这两种香料的组合也成为后世合香的基础。研究人员认为，法门寺地宫出土的香料多产自域外，经陆上或海上丝绸之路运抵古都长安及东都洛阳，并由帝王、高僧等将其献于地宫，用于供养舍利，是这一时期丝绸之路畅通、香料贸易繁荣的历史见证。

又是“沉香”与“乳香”，“南来”与“西来”各自的香料之首。地下出土实物与历史资料再一次吻合。报道中提到的“榄香”，研究人员根据化学分析认为是橄榄科植物的树脂。榄香的记载最早出现在宋代人范成大的《桂海虞衡志》中，认为榄香“独有清烈出尘之意”。但榄香并非名贵香料，也不见唐代典籍记载，故作为皇家供奉之物让人生疑。沉香除主要来自瑞香科植物所结之香外，橄榄科、大戟科植物所结之香也被称为沉香。只是大戟科沉香有毒，而橄榄科沉香主要产于南美洲。虽然近代以来大戟科、橄榄科所结之香被剔除在了沉香之外，但有没有可能法门寺地宫出土的榄香脂就是当时来自太平洋另一头的南美橄榄

法门寺地宫出土八重舍利宝函之第七重内檀香

科沉香呢？这样的话，这块香料才可能被大唐天子视为奇珍供奉地宫，可惜史料阙如，只能猜想。若果真如此，这将是唐代对外交流之范围扩大到太平洋对岸的一个有力证明。

唐人对香料的喜爱，促成了香料贸易的兴盛。香料的极大丰富以及唐人在文化上的高度自信和阔达的胸怀，造就了唐人用香之事的繁荣，并且直接影响了东亚的日本、朝鲜香道的产生。从这一点上也能证明，中国文化之所以博大精深，除了自身的底蕴深厚和辈出之人才不断丰富其内涵外，善于和敢于同其他文化进行良性交流互动，以海纳百川之姿兼容并包也是一个重要原因。

中国香文化发展史上，中外香习俗、香文化之间相互碰撞交融，是促使中国香文化不断丰富和演进的主要动力之一。2022年的卡塔尔世界杯，东道主赠送给每位现场观众的纪念品里都包含一小瓶沉香精油和一小块沉香的“豪横”之举，让全世界见识到中东人用香之豪奢。其实很长时间以来，中东地区一直是香料贸易和用香的重镇。尤其在使用沉香方面，阿拉伯地区几乎占了全世界沉香使用量的60%—70%。由于地域、文化、宗教等差异，阿拉伯地区形成了与中国截然不同的用香习俗和用香文化。

在中东国家，熏沉香成为日常礼仪的一个主要环节。每逢有朋友到来，待客之礼的第一个环节是奉茶。与中国茶不同，他们的茶一般是用藏红花和蜂蜜调制而成。而配茶的点心，则是老一辈中国人比较熟悉的一种传统阿拉伯蜜饯“伊拉克蜜枣”。茶点之后，主人便会奉上一炉熏香。与中国和其他东亚国家熏香“微烟”的要求不同，中东地区的熏香可谓“烟雾缭绕”。传统的阿拉伯香炉的形状类似于一个方形的奖杯。其上半部分为开口炉身，内衬银胎或铜胎，以达到耐火耐高温的效果；下半部分为炉柄，用于把握。虽然从整体炉型上看，它和常见的中国式香炉差别较大，但是仔细品味，却能发现其与流行于西汉至南北朝的博山炉以及流行于南北朝至宋元时期的行炉颇有些异曲同工之处。炉子的四角和口沿包金包银，炉身四面还会装饰上金银宝石等，以示尊贵。炉内放置燃烧的炭块，直接将沉香、乳香等香料放在炭块上，瞬间产生浓烈的香气和大量的烟气。此时主人会将香炉递到来宾面前，来宾顺势将自己宽大的衣袍整个罩在香炉上，让香气和烟气消除身上所有不好的东西，寓意洁净身心，吉祥如意。如果遇到大型聚会或重大假日，他们甚至会直接将一大块乃至几大块沉香放在火堆上，让香气和烟气弥漫在整个大帐内。

类似的场景，我们仍然能在今天的中东贵族出行时看到。一般在车队的最前面，有专人顶着或高举着一个大号的阿拉伯香炉，炉中堆满炭火，炭火上堆满沉香；另有专人不断给炉中续炭、续香，保持整个行进过程中香烟不灭。一队豪车裹挟在满街的异香和瑞烟之中，招摇过市，逶迤而去，令人不免想起辛稼轩的那句“宝马雕车香满路”。阿拉伯人不仅仅只会烧沉香，他们也非常喜欢收藏沉香。不过他们的沉香收藏以沉香原材料为主，基本上看不到沉香艺术品，收藏的标准也颇为简单，就是越大越好。

香食同源

《说文》里解释：香，芳也。其本义为“气味芬芳”或“味美”。现在已经完全楷书化的“香”字，字形为上禾下日，以汉字六书论勉强属于会意字。按照这个字形，我们似乎无法清晰地解读出华夏先民们造字时想要表达的完整意思。在甲骨文中，香字作，上半边的字形为黍，是原产于中国的一种谷物，也是人类最早种植的谷物之一，现在北方通称黄米。李时珍《本草纲目》记载：“黍与稷，一类二种也。黏者为黍，不黏者为稷。稷可作饭，黍可酿酒。”“香”下半边的字形为口。借此，“香”字的本义我们大致可以猜测出来：一是指黄米吃到嘴里的味道，二是指黍酒入口的味道。［按：第二种猜测，一是基于先秦时以黍酿酒的习惯，二是基于殷商时期有用香料和黑黍一起酿成一种带有特殊香气的鬯（chàng）酒的习俗。］篆文中的“香”字将下半部分的口改为甘，写作。甘的本义是“甜而美味”。这样一来，“香”字的意思被进一步明确，即表示黄米吃起来的香甜之味，或是黍酒入口的香甜味。

《诗经·大雅·生民》中有“卬（áng）盛于豆，于豆于登，其香始升。上帝居歆，胡臭亶时”的诗句。结合“香”字的本义和诗句本身展现出来的场景，我们从这短短20个字的诗句中，至少可以解读出以下六层含义。

阿拉伯熏香

行炉

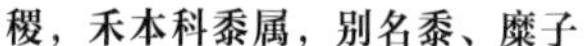
稷，禾本科黍属，别名黍、糜子

粟，禾本科狗尾草属，别名小米

其一，诗中的“豆”并不是现在我们理解的豆科植物的种子，而是一种青铜盛食器，也是一种礼器。其样子有点像现在的高脚盘，源于新石器时代的同名陶器，出现于商代晚期，盛行于春秋战国时期，一般用于盛放黍、稷等谷物。“豆”作为祭祀礼器，常与盛肉的鼎、装酒的壶配套使用，构成了一套原始祭祀礼器的基本组合。我们从后世诸如汉代博山炉等高足香炉的造型上都能看到“豆”的影子。

其二，“于豆于登”中的“登”，现代汉语的解释中依然保留有“上升”（如登山、攀登）与“谷物成熟”（如五谷丰登）这两个意思。甲骨文的“登”字写作，中间这个图形，很明显就是一个青铜豆。上边这个图形，代表两只脚。下边这个图形，代表一双手。整个图像组合起来，就是一幅一双手捧着盛满谷物的青铜豆，一步一步地登上高台，向上天献祭的情景。

其三，“其香始升。上帝居歆，胡臭亶时”。香甜美妙的谷物气味，向上升腾。这香气实在是太好闻了，天上的神灵们因此前来享用。这也许就是后世用上等好香敬神供佛的滥觞。

其四，这一香味基调的确立塑造了中国人对香味的基本喜好，即自然、甘甜、温润、饱满、中正、平和。而这更是深植在与中国人嗅觉体验相关联的那部分文化基因里，使得之后的几千年里，不论香料品种如何变换，组合而成的香品都有着底色一致、个性鲜明的中国味道。

青铜豆

陶豆

其五，鉴于古代农业社会稼穑为本的特质，自从中国人在思想里把“香”这一概念从农产品中抽离出来，并将它作为现实世界与精神世界沟通中的某种特殊桥梁起，它就与“丰收”“富饶”“风调雨顺”“国泰民安”“天遂人愿”等宏大而吉祥的意象紧密相连。这一点也能够帮助我们从文化和精神的维度去理解古代中国人以烧香为富贵之事的原因。（按：物质维度的原因是显而易见的，无论在哪个时代，好香都是价格昂贵的奢侈品。）

其六，如果顺着上面的思路观照整个中国人用香的历史，进一步推究，我们不难发现，中国文化里的“香”是一种物质属性和精神属性并重的文化现象，而且缺少哪一边都不行。这里可以举两个例子，以便我们直观地理解这一说法。一个是《世说新语》中记载的“石崇厕”的故事：西晋富豪石崇以生活奢靡无度闻名。家中的厕所不仅造得金碧辉煌，如厕时还经常有十多个穿着华丽衣服的婢女站着侍候。婢女们手捧甲煎粉、沉香汁等极其名贵的香料，等客人便后就会给客人换上新衣服，浑身上下洒上香粉、香水，才让他们出来。害得多数客人都不敢在石崇家上厕所。这就是一个只注重香的物质属性，忽略其精神属性的典型例子。《世说新语》将这个故事归入“汰侈”一类，意思是过于骄奢，显然是采取了批评的态度。另一个是近人吴兆基先生的故事。吴先生是老一代的古琴大家，吴门琴派的代表人物。20世纪六七十年代，吴先生曾受到过不公正的待遇。落实政策后，吴先生又得以恢复正常的艺术活动。每次抚琴，吴先生都要点上一盘蚊香，放在琴桌上。不知道的人以为是他怕蚊虫干扰。其实这是吴先生一直以来养成的抚琴焚香的习惯，是文人琴士的一种风雅之举。只可

吴兆基先生抚琴留影

惜那个年代除了蚊香，其他香一概没有，不得已才取蚊香而代之。对此吴先生尝言，虽然勉强取了个“焚香调素琴”的意境，却也未免失之于粗鄙。这个故事就是精神属性饱满但物质属性缺乏的例子。

焫萧灌鬯

关于中国人用香的历史源头问题，几年来，不少研究者认为应该上溯到上古时代一种被通称为“燎祭”的祭祀活动。

按照《说文》上的解释，“燎祭”又叫“燔柴”，就是烧柴祭天。具体来说就是《周礼·春官·大宗伯》里记载的：“以禋（yīn）祀祀昊天上帝，以实柴祀日月星辰，以槱（yǒu）燎祀司中、司命、风师、雨师。”这里的“禋祀”“实柴”“槱燎”是三种不同级别的“燎祭”，操作流程差不多，都是燃烧堆积的柴薪，使烟气升达于天神。但放在柴薪上一起燃烧的祭品，依神的尊卑而有差别：祭祀天帝的禋祀用玉、帛和整只的猪、牛、羊三牲（全牲）；祭祀日月星辰的实柴之祀只有帛没有玉，牲体则是按照一定规范切割好的猪、牛、羊肉块，也有人说是内脏；祭祀司中、司命、风师、雨师等神灵的槱燎之祀只有三牲的肉块或内脏，而没有玉和帛。

今天，在汉族地区，我们几乎已经看不到这样的祭祀形式了（不过至今犹存的烧纸等祭祀习俗，从原理上来看还是和上古时期的有所近似）。但据某些藏族学者考证，至今在藏族地区仍普遍沿袭的“煨桑”“烟供”等仪式很有可能就是先秦时期中原地区“燎祭”仪式的遗存和变种。

那么，这个“燎祭”到底能不能算作中国人用香的源头呢？坦率地说，单凭这些材料里的描述是很牵强的。但是后世的两条权威注疏让不少人草率地把“燎祭”当作了中国人用香的源头。第一条是东汉末年大儒郑玄的注解：“禋之言烟。周人尚臭，烟气以臭闻者。”这是个典型的三段论推理。首先给出大前提“禋”就是用生烟的方法来祭祀。其次给出小前提，引用《礼记·郊特牲》里的“周代人祭祀崇尚气味”。最后得出结论，所以烧柴生烟为的就是闻味道。另一条是唐初大儒、秦王府十八学士之一、孔子三十二代孙孔颖达针对这条注解的进一步注解：“禋，芬芳之祭。”它着重对“禋”字的含义做了增补。孔颖达认为“禋”是一种用香气进行祭祀的形式。孟子说：“尽信书，不如无书。”虽然这两位大儒的注疏千百年来一直被官方定为标准版本，但很可惜仍旧不能尽信。

煨桑

首先是郑玄的注，语言简练，逻辑清晰，给人一种毋庸置疑的感觉。但是他引用作为“小前提”的《礼记·郊特牲》中的内容，或多或少有点偷换概念，涉嫌诡辩。（这里还不说西汉大戴小戴所著《礼记》对于还原周代礼制的真实度问题。）《周礼·春官·大宗伯》里说的“禋祀”“实柴”“槱燎”祭祀的是天神，《礼记·郊特牲》里提到“周人尚臭”的部分，说的是祭祀宗庙祖先的礼仪。在礼制森严的周代，祭天和祭祀宗庙之间存在很大差异，郑玄的张冠李戴着实令人费解。而孔颖达的疏，与其说是补充，不如说更像是“补刀”，将郑注中暗藏的逻辑缺陷挑在了明处。

其实，关于周代的“燎祭”是不是一种因为崇尚味道而进行的“芬芳之祭”这个问题，早在唐玄宗年间就已经是一件争辩不清的事情了。《旧唐书》卷二十三“礼仪志三”中详细记载了当时礼官在给玄宗制定泰山封禅礼仪过程中，针对到底如何“燔柴”、是否真的是以气味来降神等问题进行反复讨论，莫衷一是的过程。我们不妨将先秦祭祀天神、地祇、宗庙的礼仪对照着捋一下，也许就能廓清其中的迷雾。

我们先确定“祭天则燔柴，祭地则瘗血，宗庙则焫萧灌鬯”的总原则。

先看祭天。前面说过燔柴就是烧柴薪，指在正式的祭祀仪式开始前或结束后，点燃祭坛边上的柴堆，把玉帛和三牲放到火上一起烧掉，供天神享用。如果说这个仪式的目的是让天神们闻到玉帛和三牲的味道的话，我更愿意相信这是通过发烟和焚烧的方式把有形的祭品化为无形精神体，同时借助向上升腾的烟和火达到将其送达天上神域的目的。从这个角度看，它和后世佛道“请神”时的烧符焚表以及现在民间仍然流传的烧纸习俗的原理有相似之处。

再看祭地。祭地采用的是瘗血的仪式，也叫瘗毛血或瘗埋，就是在正式的祭祀仪式开始前或结束后，在祭坛边上挖一个大坑，将玉帛和三牲埋到地下，供地神享用。大家熟悉的三星堆遗址出土的文物就是祭祀后被瘗埋的礼器。这些显然也与让地神们闻味道没有必然联系。

最后，我们来看祭祀宗庙的焫萧灌鬯。《礼记·郊特牲》里记载：“周人尚臭，灌用鬯臭。郁合鬯，臭阴达于渊泉……萧合黍稷，臭阳达于墙屋。故既奠，然后焫萧合膻芗。”其中“臭”是“嗅”的本字，原指所有能闻到的味道，后来演变为单指与“香”相对的气味。“灌”是祭祀开始时，把酒洒在地上，请鬼神受祭。“鬯”就是一种用香料和黑黍酿出来的酒。哪种香料呢？“郁”是郁金，也就是姜黄，一种至阴的香药。把它加到酒里，一来能让酒的香味传得更远，二来能让酒的颜色金黄如琥珀。把加了郁金的鬯酒洒在地上，气味就能

三星堆瘗埋礼器

直达所谓的黄泉深处。“萧”就是香蒿，有浓烈的香气。“黍稷”是当时主要的谷物，其味道被称为“膻芗”，这两字是“馨香”二字的古字。香蒿和谷物的香味能够传遍整个房子，所以祭祀开始前先洒鬯酒，让先人的“阴魄”享用；供品放好后，再点燃香蒿和谷物，供先人的“阳魂”享用。（时至今日，中国民间还保留着焚香、洒酒、祭拜，最后焚烧特殊供品的祭祀仪程，只是焚香和洒酒的先后顺序与先秦略有不同罢了。）

姜黄

香蒿

至此我们大致能够得出结论：中国人用香的历史源头并非上古祭天的“燎祭”，而是祭祀宗庙祖先的“焫萧灌鬯”。因此“郁”和“萧”，也就是姜黄和香蒿，成为有据可查的中国人用得最早的香药之一。但是这一时期，它们还没有和“香”联系在一起，和它们并用的是后世用来称呼与“香”相对气味的“臭”。“香”字此时还只是用来专门描述谷物的甜香味。

那么问题来了，“香”字是什么时候和香药联系在一起的呢？

香祖之争

2011年，在福建泉州召开的一个主题为“传统文化与南方丝绸之路”的论坛上，与会的专家、学者就谁是真正的中国香祖展开讨论。说它早有定论，是因为一直以来就有“香药同源”的说法，所以中草药之祖神农就自然而然地兼领了香祖的头衔。而说这个定论只是“看似”，是因为“香药同源”的说法实则并无具体的出处，只是一种约定俗成的说法。推其缘由，大体是由于所有的香料都可归类于中药材，且香学作为一个专门领域的出现远晚于中草药学。既然香脱胎于药，认药为宗自然也就在情理之中了。这是相当一部分学者的观点，即神农氏是中华香祖。而另一部分学者则认为，如果以香料种类得到极大丰富，并实际对香的广泛使用产生过极大的示范效应来看，汉武帝才是中国用香之祖。

那么究竟哪种观点更符合历史事实呢？要搞清楚这个问题，我们还得在中国人用香的历史中去寻找答案。

在上一节里，我们探讨过先秦时期的用香历史。在这一时期，不但焚香、用香之事尚未从祭祀和卫生防疫等领域里独立出来（按：《周礼》中有记载，春秋战国时期，宫中设有专门的官员负责用莽草等香药熏燎环境，以达到清洁、抑菌、驱虫等目的。有些研究者认为这是中国人室内焚香的滥觞，焚香所用之香具也因此得以形成），就连“香”字本身也未与香料、焚香等产生强烈的关联。很大一部分原因是受到了“香料匮乏”这一物质条件的限制。中原地区由于气候条件的影响，所产香料品种极少。地处南方的楚国，气候相对温暖湿润，所产香料较中原地区相对多一些。以中原地区诗歌总集《诗经》和南方诗歌代表《楚辞》为例，《诗经》中出现过12种香料，而《楚辞》中出现的香料一共是35种，几乎是《诗经》中香料数量的3倍。因此在很长一段时间里，楚国一直是周天子最重要的香料提供者。有意思的是，在楚太子熊绎朝见周天子受辱，愤而称王的故事里，一种叫作“苞茅酒”的香酒成了整个事件的重要缘起。

兰花

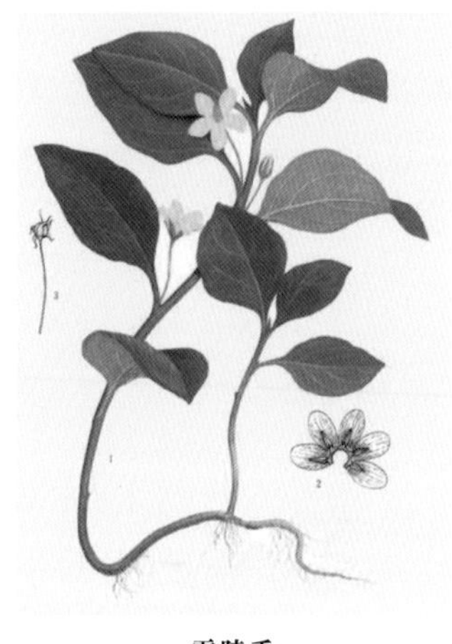

零陵香

佩兰

但不论是中原还是楚国，所产的香料基本都是一些香味不是特别馥郁的香草和香木。最常见的有兰（佩兰）、蕙（蕙草）、萧（香蒿）、桂（桂花）、芷（白芷）、茅（香茅）、郁（郁金）、椒（花椒）、蒲（菖蒲）等。其中的兰是古代香草中的佼佼者，有“王者香”和“香祖”的美誉。而据考证，唐代以前的典籍中提到的兰，并不是今天说的兰花，而是菊科泽兰属植物佩兰。大家更熟悉的兰科兰属的兰花，一直要到唐代后期才开始人工种植。成语里有“蕙心兰质”一词，是初唐大才子王勃的发明，形容女子不但美丽，还有着蕙草一般的心地和兰花一样的本质。蕙草又名薰草，别称零陵香，不但气味芳香，而且还是一味可以祛风寒、辟秽浊，治疗伤寒、感冒头痛、胸腹胀满等疾病的常用中药。以之喻女子，不但是说其气质清新脱俗，而且喻其仁心有德。

据说孔子也爱兰。《孔子家语》有“与善人居，如入芝兰之室，久而不闻其香，与之俱化”“芝兰生于幽谷，不以无人而不芳”等赞美兰之高洁气质的警句。传说孔子周游列国，自卫返鲁时，经过隐谷，看见山谷中一枝幽兰独自盛开。于是他以兰自喻，感慨生不逢时，年纪将老，虽政见不为诸侯所用，但也不会改变兰草一样高洁的德操，并写下琴曲《碣石调·幽兰》一首，流传至今。1997年，当时正值创作巅峰期的著名美籍希腊裔音乐家雅尼，在中央音乐学院听到这首曲子后惊为天人。他简直不敢相信自己的耳朵，这首两千多年前的中国古曲，竟然把作为西方先锋音乐的“无调性音乐”演绎得如此淋漓尽致。当然这是题外话，言归正传，我们继续说香。

先秦时期香料不但品种少，使用方式也比较简单，以直接佩戴香草和香囊为主。除祭祀

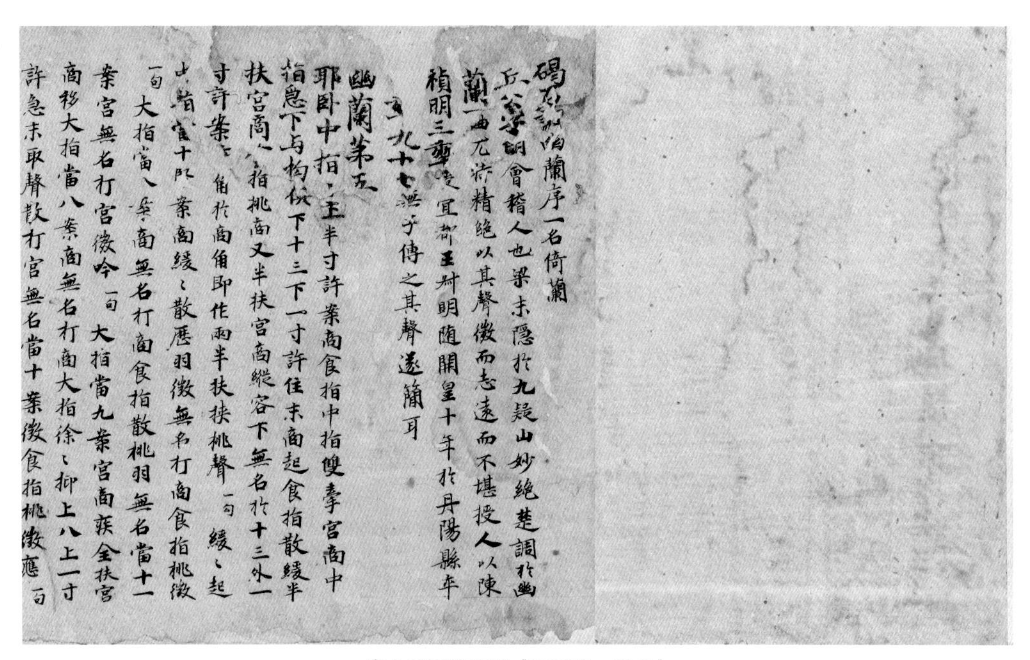

唐人手写卷子谱《碣石调·幽兰》

的礼仪用香外，还有一些诸如用熬兰膏做灯油，用郁金酿香酒，用兰、蕙煮水沐浴，燃熏香草驱虫等以提高生活质量为目的的简单的生活用香方式。

秦统一六国后，南平百越，三次征伐，东南浙闽、岭南两广尽归一统，疆域最南端扩至现今越南北部地区。虽然秦朝留下的极少数文献中均未见有关香料的记载，以至于大多数学者都认为秦朝的用香品种和范围与先秦类似，但我们有理由相信，产自岭南和交趾的名贵香料一定会作为战利品被带回咸阳，进献给始皇帝。这些香料绮丽而又迷人的芳香也一定会让始皇帝感到新奇。只是不知道什么原因，这次千古一帝的香遇情景并没有被史官记录下来。说不定这些中原地区从未有过的香料，此刻仍静静地摆放在始皇帝那“穿三泉”的庞大地下陵寝中，也未可知。

公元前204年，趁中原地区楚汉相争之际，赵佗在岭南地区建立了“东西万余里”的南越国。南越国具有得天独厚的自然条件和交通条件，除了本地的香料植物比较丰富之外，还可以从南方的南洋输入香料，因此，这一时期的南越国较早地形成了燃香的习惯。1983年，考古工作者在第二代南越王赵眜墓中发掘出土了五件精美的四连体铜熏炉，炉体由四个互不连通的小盒组成，可以燃烧四种不同的香料。在更早期的广西贵县罗泊湾二号墓出土的南越

四连体熏炉　南越王博物院藏

国时期的铜熏炉内，还残存着两块白色椭圆形粉末块状物，研究者认为可能是龙脑香或沉香之类的香料，这可能是迄今为止最早的沉香出土实物。

汉初推崇黄老治术，经过多年的轻徭薄赋、与民休息，到文景之治以后，饱受战乱之苦的社会重现繁荣，国力空前强盛。公元前112年，汉武帝任命路博德为伏波将军出征，次年平定了南越国，海上丝绸之路就此兴起。公元前109年，大将郭昌从巴蜀发兵，迫使滇王归降。云南被纳入了中央王朝版图，也就正式打通了通往缅甸、印度的通道，南方丝绸之路由此载入史册。公元前126年，张骞凿空西域。此后，经过二十多年的努力，至公元前104年，汉武帝派大将李广利出征，数年后攻破大宛都城，西北丝绸之路彻底畅通。南、北、海上三条丝绸之路的开通，使得产自西域和南海诸地的沉香、檀香、龙脑香、乳香、丁香、排香、茉莉等香料开始大量传入内地。汉武帝时期是我国用香历史从低级到高级、从无序到有序发展的关键时期。其中对香料的传播与使用产生巨大影响的还要数汉武帝本人。

不论是正史还是魏晋之后的诸多野史、笔记，其中都有不少让人津津乐道的故事，讲述着汉武帝一生与香结下的不解之缘。其中汉武帝与返魂香的故事，就是源自汉武帝提倡焚香预防瘟疫的史实，但在后世流传中演变出了多个版本的故事。它们既有点燃神香驱散瘟疫，使死人复活的奇闻版本；又有点燃少许香料就能满城飘香，且数十天香气不散的夸张版本；更有点燃海外奇香，得以与去世宠妃再次相聚的凄美爱情故事版本。不过传说汉武帝寻长生不老药时，得神人传授的保健养生香枕方，倒是流传至今，使无数人受益，后来更是被马王堆汉墓出土的香枕验证香方确有其事。大臣上殿奏事口含丁香，以求口气芬芳的八卦，则成为史上最早的“口香糖”记载。另外，汉武帝时期出现的博山炉更成为中国人用香史上第一个“现象级的香具单品”。它在西汉到南北朝的七百年间十分流行，且多为王公贵族所用，其多由能工巧匠制作，故也是汉晋时期地位最高、最为特殊的一类熏炉。博山炉能在西汉快速流行开来并享有很高的地位，与汉武帝的推重有关。汉武帝奉仙好道，此时期的博山炉追求仙山、仙岛的奇幻梦境，炉盖高耸如山，模拟仙山景象（传说东海有“博山”仙境），山间饰有灵兽、仙人，镂有隐蔽的孔洞以散香烟。足座下还常设有贮水（有“贮兰汤”之说）的圆盘，润气蒸香，象征东海。焚香时，香烟从镂空的山形中散出，宛如云雾盘绕的海上仙山。据史料记载，汉代还有更加精巧的“五层博山炉”“九层博山炉”。燃香后各层会有序地自然转动，使图案变换，这些香具以及燃香后出现的奇妙景象，既可促进人们思维灵光的迸发，也不断地改变着人们的审美取向。而赠送博山炉也成了汉武帝对臣子和家人的至高封赏。中山王刘胜是汉武帝同父异母的长兄，汉武帝所封赏的“错金铜博山炉”（现藏河北博物院）是博山炉中的最高等级者。为了表彰卫青战功，并祝贺其与阳信长公主新婚，汉武帝更是封赏了自己御用的“鎏金银竹节博山炉”（现藏陕西历史博物馆）给卫青。

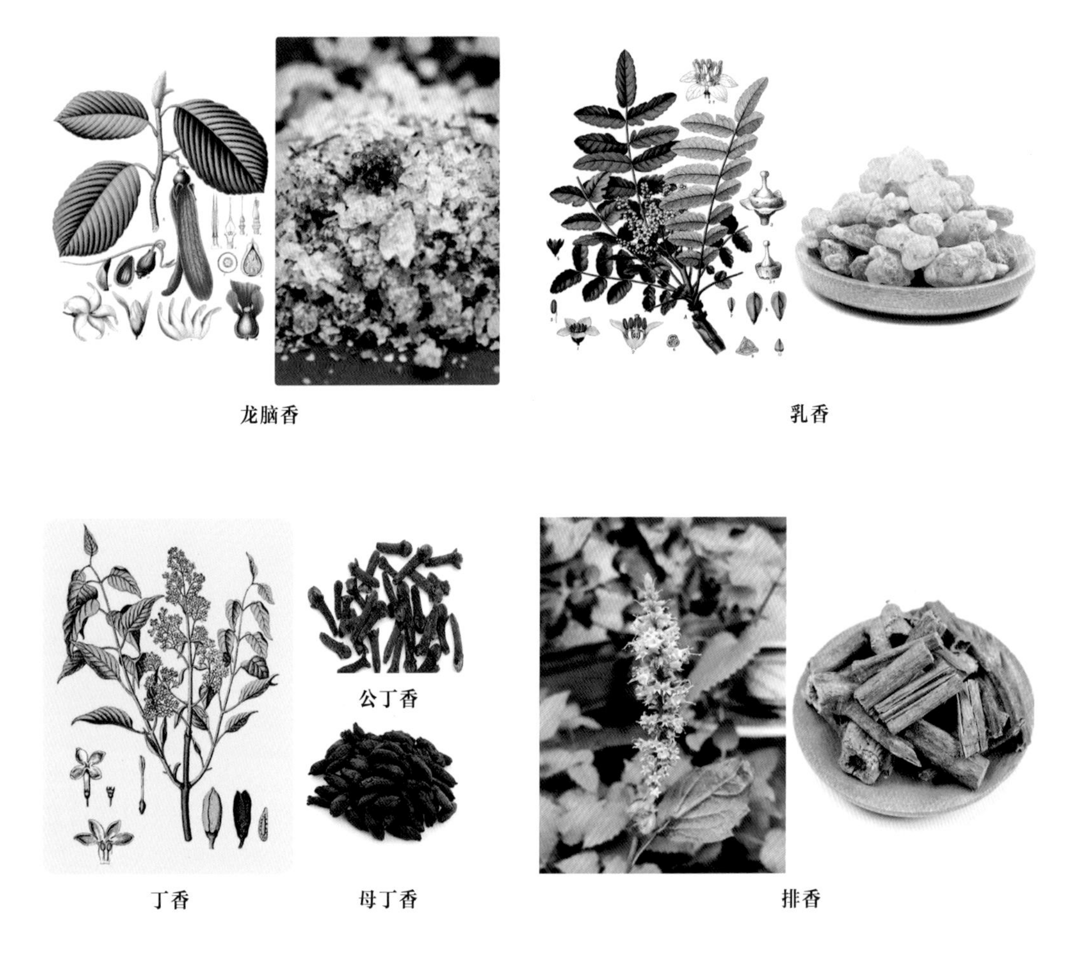

龙脑香　乳香

丁香　母丁香　排香

经过汉武帝一系列的“花式推广”，“用香”成了一个专门且独立的事件，中国人的用香历史也因此进入了一个大规模生活用香的阶段。也正是从这一时期开始，虽然香料仍被归类于药材范畴，但已然成为药材中一个独特的大类。据统计，在汉代医典《神农本草经》中记载的365种药物中，香料植物或与香料有关的药物就有252种之多，从占比上说，若改书名为《神农香草经》也不为过。

秦汉以后，“香”字的意义超越了本义，延展到了更广阔的范畴。同样是《神农本草经》，对“什么是香”给出了一个明确的定义：“香者，气之正，正气盛则除邪避秽也。”换成现在的流行语来说，香就是所有带有正能量的气味，正能量的气味大了，就能消除一切负能量。据考证，作为中国最早的中药学著作，《神农本草经》肇端于先秦，经过秦汉两代众多医家的积累与丰富，最终成书于东汉，是东汉之前所有关于中药，当然也包括香药的思

西汉中山王刘胜墓出土的错金铜博山炉

西汉阳信长公主墓出土的鎏金银竹节博山炉

想、理论和实践的总和。所以，我们在《神农本草经》对香的全新定义中，既能看到先秦时期礼仪用香视“馨香”为通神之气的影子，也能看到先秦至东汉生活用香的经验总结。当然其间不论是精神层面还是物质层面，汉武帝时期都是这一过程中最关键的转折阶段。

综上所述，我们大概可以给“香祖之争”一个明确的结论了。那就是：从香料属于中药材中的一大类别以及尊重文化起源的角度，炎帝神农氏是当之无愧的“华夏香药之祖”；从对香料的传播与使用产生的巨大影响，使“用香”成为一个专门且独立的事件，促进“香”意涵扩充的角度，汉武帝堪称“中国用香之祖”。

清　钱慧安　《神农像》

汉武帝

沉实易和

有了品类丰富且高质量的香料，随之而来的问题便是如何更好地使用它们。解决这个问题无非三条途径：优选香料、完善用香方式、改良用香器具。而这三者之间的关系是相互促进的。新的香料品种的出现带来用香方式的变革，新的用香方式必然要求有新的用香器具与之匹配。比如，以往直接点燃草木类香料的方式，根本无法点燃新出现的树脂类香料，直接火烤还会使其产生浓烈的异味。这就促使在炉灰中埋入炭块这种隔火熏香的方式得到普遍使用。隔火熏香的用香方式下，原先为了使香草燃烧而设计成四面透气的熏炉形制显然不再适合。以青铜豆为原型的高足深腹香具博山炉便满足了人们堆灰埋炭的需求，因而迅速大规模流行开来。

在此基础上，炭火温度控制技术的娴熟，以及关于各类香料最佳出烟发香条件经验的逐渐积累，反过来促进了炉型（影响发香效果）、炉盖（影响出烟效果）以及承盘（用以盛放热水，散发水蒸气使烟气湿润，可以提升香味的呈现，增加留香时间）的改良。

香具改良了，用香方式更新了，出烟发香的技巧提高了，对每一种香料的优劣和特性也都十分了解了，百尺竿头更进一步，想要得到更好更复杂的香气，合香之法便呼之欲出了。

关于合香的起源，说法不一。有人以先秦祭祀中“萧合黍稷”为合香的起源；有人认为，同时点燃类似南越王墓中出土的多联铜熏炉中每一格的香料所发出的混合香气是合香的起源；有人认为，马王堆一号墓中发现的陶熏炉中混盛的高良姜、辛夷、茅香等香药是一种“早期的合香”；有人支持魏晋笔记中记载汉武帝焚“百和之香”的故事是合香的起源；也有人认为合香之法是随着西域名贵香料的传入而一同传入的外来用香方式；还有人认为合香之法是随着佛教一同传入的佛门用香之法。但是上述说法都缺乏有力的文献和出土实物作为证据，究竟哪一种说法才是合香真正的起源，目前还只能莫衷一是。但可以肯定是，魏晋南北朝之前的合香尚处在将几种香料简单混放在一起焚烧的初级阶段。有一个关于汉代合香比较流行的说法，即《后汉书》中曾载有郑玄所撰《汉宫合香方注》一篇，详细记述和介绍了汉代后宫经典香方以及香药的炮制、香方的配伍方法等。不少研究者将之与历代《香谱》中流传的所谓汉代宫廷香方相表里，以此证明合香在西汉已经具备完整的体系。但是《后汉书》本无《艺文志》，是晚清时期的三位学者姚振宗、钱大昕、侯康先后为其编撰补续《艺文志》。所谓西汉郑玄的《汉宫合香方注》就是在侯康编写的《补后汉书艺文志》中出现，此前历代文献中均无此文。因此，“西汉已经具备完整的合香体系”一说证据不足，实属讹误。

马王堆汉墓出土陶熏炉及内部香料

不过《后汉书》确实与合香在一定程度上有着某种密切的联系。其作者南朝刘宋史学家范晔是中国用香史上有据可考的第一位合香大家。

魏晋南北朝时期，人们对香料已经有了深入的了解和认知，名贵香药不仅见载于医药类书籍，而且像西晋郭义恭撰写的《广志》这样记述各地物产的著作，对当时所使用的诸如沉香、乳香、熏陆香、迷迭香、艾纳香、甘松香、蕙草等香料的名称、产地、形态、生态、习性、用途等都做了论述。

合香在此时已经非常普及，以多种香料配制的香品被广泛使用，且选料、配方、炮制都已颇具法度。合香的种类繁多，有居室熏香、熏衣、熏被，有香身香口，养颜美容、祛秽疗疾等品种。就用法而言，有熏烧、佩戴、涂敷、熏蒸、内服等；就香的形态而言，有丸、饼、炷、粉、膏、汤等。

正是在这样的背景下，中国历史上最早的香方专著《合香方》应运而生。在这本书里，范晔首次提出了“合香”这个名称。不过可惜的是，此书早已失传，仅有一篇自序保留在《宋书·范晔传》中。全文不长，不妨一读：

麝本多忌，过分必害。沉实易和，盈斤无伤。零藿虚燥，詹唐黏湿。甘松、苏合、安息、郁金、柰多、和罗之属，并被珍于外国，无取于中土。又枣膏昏钝，甲煎浅俗，非唯无助于馨烈，乃当弥增于尤疾也。

高手就是高手，短短七十三个字把各类香料的优劣、合香的原则、合香之法的精髓以及品评一款合香好坏的标准全然道尽，果然是“人狠话不多”。

在范晔看来，合香的核心就在一个“合”字。并不是把多种香料放在一起就是“合香”，那个充其量只能叫混合之香、凑合之香罢了。“合香”是经过“调和”，降低或消除了香料对人体的副作用以后，达到“致中和”状态的和美的香品。此时，各种香料之间以及香与人之间是一种令人满意、皆大欢喜的和谐状态。

范晔独创性地从气味、功效以及是否与中国人的嗅觉习惯相匹配等角度对香料进行评价的方式，奠定了后世香家品评香料高下的基本框架。在他看来，麝香虽然气味浓郁，但是使用时有很多忌讳，用多了会对身体造成伤害。零陵香、藿香闻多了会使人虚火上升，詹糖香会致痰湿之症。合香中加多了枣泥，会让人闻了以后头昏脑胀，甲煎香则过于俗气，加多了不但不能让合香更好闻，反而会让合香的缺点更加明显。而甘松、苏合、安息、郁金、柰多、和罗这些香虽然好闻，但气味带有过分明显的西域风格。只有沉香才是最具备“和”的特性的香，它不但能与所有的香料完美调和，而且和人的身体也很“和谐”，即使成堆成堆地熏烧，闻了也不会对身体产生伤害。通过这段评论，沉香第一次被推到了“众香之首”的地位。并且从那时起，不论有多少名贵奇特的香料来到中国，不论中国人的用香习惯如何变迁，抑或对香的理解随着各种思想的兴起而发生改变，沉香始终牢牢地占据着“众香之首”的地位，并且越来越得到中国人的推崇，以致近代被加冕为“香中帝王”。

何为沉香

何为沉香？这是个既简单又复杂的问题。往最简单里说，沉香就是沉香树上结出来的香料，属于植物类香料（天然香料分三大类：植物类，动物类，矿物质类也叫无机物类）。但仅了解到这一层，只能叫知香，而不能叫识香。真要把这个问题解释清楚，就会涉及一些植物学、香料学，还有历史文化方面的知识。

沉香以“沉”为名，多数人会觉得就是其能“沉入水中”。确实，沉香之所以叫沉香，就是因为它是一种能够沉入水底的香料，所以古书上往往称之为“沉水香”。那么问题来了，在那么多的香料当中，能够沉入水底的香料远远不止这一种。比如前一章里讲到过的乳香就能沉水。靠近根部的檀香，因为木质致密也能沉水。为什么我们中国人在给这种香料起名的时候，要用“沉”这个字来命名呢，是不是有着某种特殊的含义呢？要搞清楚这个问题，不妨从两个方面来寻找答案：一方面是听听古人怎么说，从中国文化的感知和感受力的角度去寻求；另一个方面，就是了解一下沉香是如何形成的，从对客观世界的观察角度去寻求。两相结合，也许就能找到一个比较完善的答案。

这里先引用清人汪昂所著《本草备要》中的话：“诸木皆浮，而沉香独沉，故能下气。”这里说沉香之所以称为“沉”，是因为其他所有香木类的药材的气都是上扬的，而只有沉香的气是下沉的。我们知道，中医乃至整个中国文化都讲究“气”，所以，以“气”的扬和沉来定义沉香是特别符合中国文化内涵的。

再来看看另外一本医书中关于沉香之所以称为“沉”的描述，这一段更加有趣。清人陈士铎所著《本草新编》中说：“（沉香）引龙雷之火下藏肾宫，安呕逆之气。”这里说沉香之所以称为“沉”，是因为它能使“心火”下沉并藏在“肾宫”之中，并把身体里已经错乱上浮的“呕逆之气”沉下来，使之归复平和。民间常说，一个人如果心火太旺，整个人就是浮躁而不沉着的，做事就会急躁而没条理，长期如此还会生出大病。而沉香就能让人过于旺盛的心火之气降下来，并且藏到肾宫——人体的先天之本中。这样人的先天基础厚实了，人就会越来越沉稳，生命状态也会越来越沉着。

其次，从对客观世界的观察角度来看沉香为什么会称为“沉”。首先，我们要明白，从沉香树上砍伐下来的沉香木不是沉香，沉香树分泌出来的树脂也不是沉香。沉香是沉香树分泌了树脂之后，经过了一系列的生物化学反应而形成的。那么，沉香树怎么才会分泌树脂呢？好端端的沉香树一般不会分泌树脂，沉香树只有在遭到了创伤，比如树枝被风吹断，被雷劈中，被害虫啃咬，或者是人为的刀砍斧凿等外伤，又或者是树自身生病了，内部发生了较为严重的病变，这两种情况下，沉香树才会在遭受创伤和发生病变的地方大量分泌出树脂。这个现象和我们人体在受伤的时候，会在伤口上结一层硬痂，对伤口进行保护，有利于伤口愈合的道理类似。沉香树分泌出来的树脂，也是帮助树木进行自我疗愈。熟悉园艺的朋友都知道，植物粗壮的枝条修剪以后，如果不及时保护创面，促进创面尽快干燥，就很容易感染细菌、真菌等，导致植物染病。沉香树分泌的树脂虽然可以起到保护受伤区域的作用，但是树脂覆盖整个受伤区域是一个相对缓慢的过程，尤其是受伤区域面积特别大的时候，这个过程简直可以用漫长来形容。这就给了丛林里，弥漫在暖湿空气中的真菌和细菌有足够的时间来感染这些创口的机会。但也并非所有的感染都能造就沉香的形成，目前只知道一种叫作黄绿墨耳真菌的微生物具有这种能力。由此可见，在环境条件合适的情况下，树脂中的物质在微生物的作用下发生了长时间的醇化反应，形成的一种树脂和木质纤维的混合物。这种

野生状态下的沉香树

似脂似木，又非脂非木，且具有生物活性的东西就叫作沉香。在自然界里，沉香的结香时间是非常长的。野生情况下，沉香的结香时间至少需要30—50年。而不同树种根据生长地理位置、环境条件、气候状况的不同，以及结香位置、结香时间和在结香过程中从周围的环境中吸收来的微量元素的不同，会形成不同形态、不同品质、不同香味和韵味的沉香。

在简单了解了沉香的形成原理后，我们再来看这个“沉”字。常识告诉我们绝大部分木头都是浮水的，这似乎是木之本性。沉香树木质疏松，也有浮水之性。但是它一旦结出了沉香，这段看似仍然是木头的香料，却改变了沉香树浮水的本性。在古人看来，但凡能改变事物本性的事情，都是夺了天地造化的神奇事件。沉香木的“从浮到沉”就是造化神奇的体现，“沉”字则是整个事件的浓缩。讲求言简义丰的古人自然就把这个“沉”字赋予了这种香料。从这里我们也能发现，在古人看来，只有沉水的才能叫沉香（如晋嵇含《南方草木状》中说“木心与节坚黑，沉水者为沉香”，这也可以看作狭义的沉香），半浮沉和浮水的自然就不配这个“沉”字，而另有其名了。

除此之外，古人以“沉”字名香还有第二层含义。沉者，时间久远也。所以，沉香的意思是需要时间的沉淀才能结出来的香料。这个“时间的沉淀”包括两个方面。一是沉香树必须生长成熟。在自然环境下，沉香树从树苗到生长成熟再到能够结香，至少需要20—30年的时间。这个时间就已经比绝大多数的香料成材时间长得多了。二是结香需要足够长的时间，我们前面说过从生长成熟到能够结香至少要30—50年时间，那么两者相加最少也需要50年以上的时间才能形成沉香。这一点也确实是沉香的与众不同之处。绝大部分香料本身的形成时间都不需要太久。比如檀香，它就是檀香树的树干。虽然檀香树成材需要一定的时间，但是树成即香成，不需要耗费时间结香。虽然新鲜檀香木也需要时间陈化，但檀香木的陈化好比是年轻人变成老人，而沉香结香则像是毛毛虫羽化成蝴蝶，两者是完全不一样的改变。再比如乳香，就是乳香树的树脂，它虽然也有结香过程，但是这个结香过程很短，只要树脂在树干上凝结成乳滴大小，结香即完成。

简言之，沉香就是生长成熟的沉香树在受到外界的伤害或者本身病变等情况下，沉香树出于天生的本能，会分泌出树脂来修补伤口，此时碰巧被一种叫黄绿墨耳真菌的微生物感染，这种真菌为了能在树中生存下来，就会疯狂地代谢，从而产生一系列神奇的化学变化。沉香树自身的抗体与感染的真菌长时间混合在一起，慢慢地就会形成一种含有树脂和木纤维的混合物，这就是沉香。在天然香料的分类里，它属于植物类香料中比较特殊的一种，既属于草木类（有木质成分），也属于树脂类（有树脂成分）。

因为沉香实在是一种非常复杂的物质。近几十年来，对沉香的研究表明，不同产区，同一产区不同山头，甚至是同一山头不同位置所产的沉香，它们的内涵物质都有可能不尽相同。因此我们没办法给沉香这种物质下明确的定义，只能用一段描述沉香形成过程的话，来勉强替代“何为沉香”这个问题的答案。顺便说一句，沉香的这种复杂性，也致使如今已经几乎没有什么气味不能复刻的香料香精行业，至今无法人工合成出“沉香香精”。

那么，问题又来了，大家觉得如此复杂的沉香，它到底是单方香还是一款天然合香呢？这个问题其实不难回答。从香料角度看，沉香只是一味香料，在制作合香时，自然把沉香看作是单方香。但是，从沉香内涵成分的复杂性和无法人工合成这个特点来看，沉香实则是一款只有大自然才能调和出来的合香。这也许就是沉香被誉为“众香之首”的一个主要原因吧。

那么沉香树到底是一种什么样的植物呢？在植物学上，要讲清一种植物，首先要把它的“血统”，即这种植物的生物学基本分类讲清楚。沉香树只是一个笼统的说法，具体来说，它属于植物界，被子植物门，木兰纲，锦葵目，瑞香科，沉香属和拟沉香属。沉香属中，目前在全世界范围内已经被科学家辨识出来的一共有22个品种，当然应该还有更多的品种未被发现并辨识出来。中国本土有2个品种的沉香属植物，分别是白木香种也叫土沉香种，和云南沉香种。拟沉香属是20世纪80年代才被科学家辨识出来的“新品种”，对拟沉香属植物的研究也才刚刚起步，目前已被辨识的拟沉香属植物有9种，中国境内没有拟沉香属的植物。20世纪70年代，沉香属植物被列入了《世界自然保护联盟濒危物种红色名录》。20世纪90年代，拟沉香属植物也被列入该名录。1998年，中国原产的沉香树种白木香和云南沉香被列入《濒危野生动植物种国际公约》（CTTES），1999年被列为国家二级保护植物，2000年被列入《世界自然保护联盟受威胁植物红色名录》。

从历史上讲，能结出所谓沉香的植物不仅仅只包括瑞香科植物。历史上包括大戟科、樟科和橄榄科在内的植物所结的香，一度都被归入沉香的范畴。大戟科植物主要分布于我国西南地区至台湾的范围内。据资料显示，早年有日本香材商人采购台湾所产大戟科沉香回国贩卖的记录。但是大戟科植物普遍有毒，所以大戟科植物结出来的所谓沉香也有毒性。因此，大戟科植物所结之香也就自然应该排除在沉香的范围之外。

另外，樟科和橄榄科植物结出来的所谓沉香，根据历史资料来看，原产地是在南美洲。曾经樟科、橄榄科香的资源非常丰富，当地土著很早就有采集这些香料用以祭祀的习俗。西班牙人殖民南美洲以后，殖民者们大量采集这种香料，并炼制成芳香精油以后运回到欧洲贩卖，广受欢迎。西方历史上曾把这些橄榄科和樟科植物所产芳香精油称为“欧洲沉香”。很可惜的是，由于大量采伐，近代这些樟科和橄榄科植物所产“欧洲沉香”已经全部绝产。而且这种樟科和橄榄科植物产生的香，无论气味、形态还是内部所含的芳香物质都与瑞香科植物结的沉香有着很大的不同。所以在国际贸易规则中，早就把橄榄科和樟科所产的香排除在了沉香范围以外。目前国际上公认的沉香，仅指瑞香科沉香属和拟沉香属植物结出来的香料。

沉香品类

沉水：很多人之所以觉得沉香的水很深，一半以上的原因是被沉香错综复杂的品类搞迷糊了。沉香的品类看起来如此复杂，原因是大家往往会把好几种沉香的分类方式混在一起使用，这样一来业内人士也许还能搞得明白，但是绝大多数非专业人士就只能是“乱花渐欲迷人眼”了。

要把沉香的品类这个问题讲清楚，就先要明确以什么依据来对沉香进行分类和分等。沉香分类和分等的方式通常有四种：一是沉香所含树脂的质量，二是沉香的产区，三是沉香的结香方式和沉香在野外被采到时的环境，四是沉香在沉香树上的结香部位及外观形状。

沉香以所含树脂的丰富度和密度来进行分类是最简单和最直观的分类方式，有沉水、半

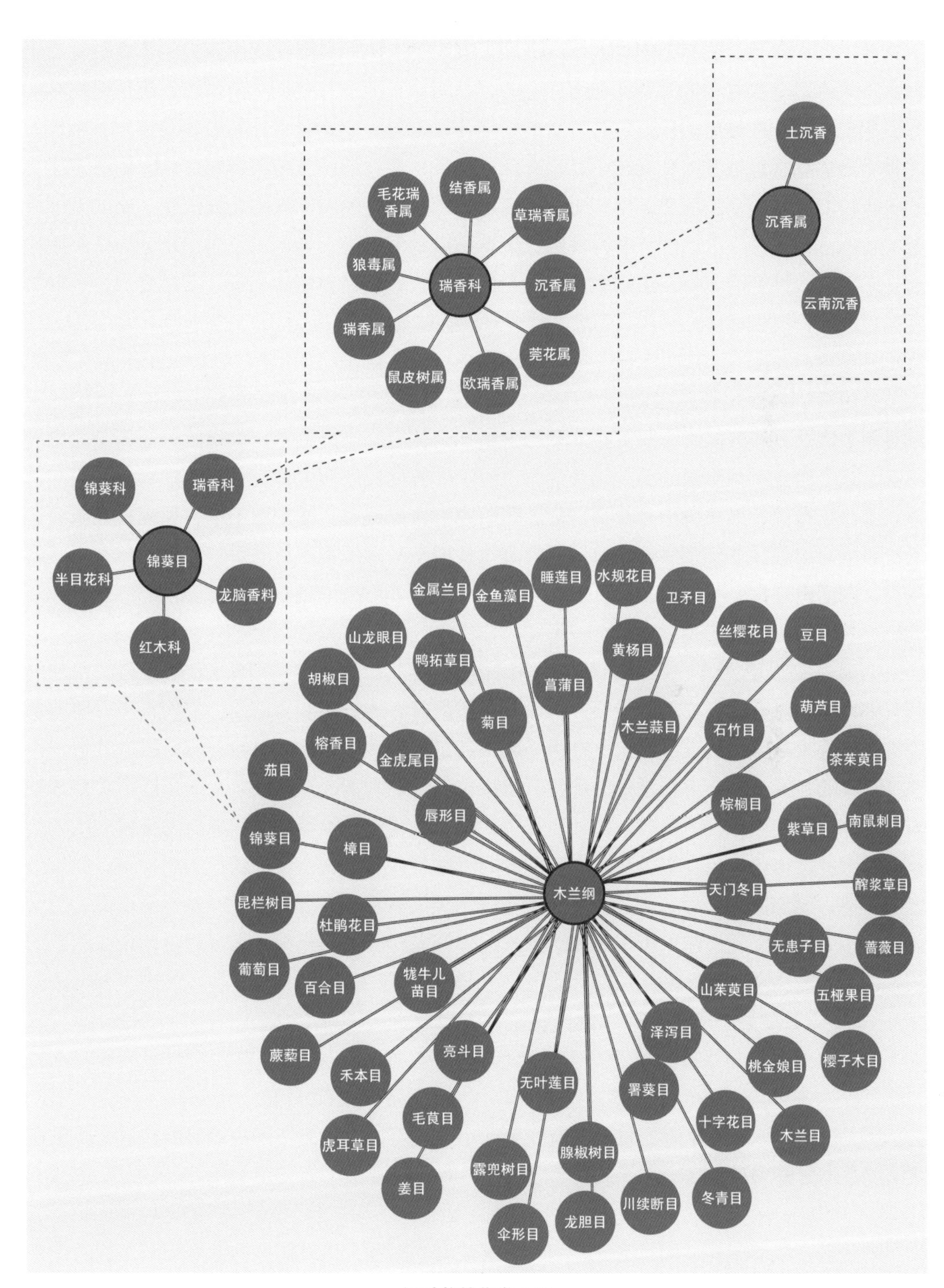

土沉香
沉香属
云南沉香
毛花瑞香属
结香属
草瑞香属
狼毒属
瑞香科
沉香属
瑞香属
荛花属
鼠皮树属
欧瑞香属
锦葵科
瑞香科
锦葵目
半目花科
龙脑香料
红木科
金属兰目
金鱼藻目
睡莲目
水规花目
卫矛目
丝缨花目
豆目
山龙眼目
鸭拓草目
黄杨目
胡椒目
菖蒲目
菊目
木兰蒜目
石竹目
葫芦目
榕香目
金虎尾目
茄目
茶茱萸目
棕榈目
唇形目
紫草目
南鼠刺目
锦葵目
樟目
木兰纲
天门冬目
醉浆草目
昆栏树目
杜鹃花目
无患子目
蔷薇目
葡萄目
百合目
牻牛儿苗目
山茱萸目
五桠果目
泽泻目
蕨藜目
禾本目
亮斗目
桃金娘目
樱子木目
无叶莲目
薯蓣目
十字花目
木兰目
毛茛目
虎耳草目
露兜树目
腺椒树目
姜目
川续断目
冬青目
伞形目
龙胆目

沉香的植物学分类

沉水和不沉水三类。沉水指的是入水即沉底。如果是入水后悬浮在水中间的，那就被称为半沉水。入水后全部或者大部分浮在水面上的就被叫作不沉水。我们之前讲过，沉香是树脂和木质相混合的一种复杂的香料。沉香中的树脂含量越高，密度越大，就越容易沉水；相反，沉香中的树脂含量越低，密度越小，木质部分越多，那么沉香就越不容易沉水。传统意义上的沉香仅指沉水级别的沉香。半沉水或不沉水级别的沉香通常不能称之为沉香。比如大部分有关香的古籍里称半沉水的沉香为栈香，可能是以水中栈道一半入水一半出水的样子来比喻之。而不沉水级别的沉香，古籍里则称之为黄熟香。这个名字里的“黄”字是要点，大抵沉香颜色越黑、结油越高，越容易沉水，越黄、木质越多，越不沉水。

这里我们还要再特别强调以下几点。第一点就是沉香树脂含量的多少和树脂密度的大小是两个概念。有时候，有些沉香的树脂含量不少，但却未必沉水，那是因为这树脂的密度不够。这个密度和树脂量的多少以及结香过程中的醇化反应程度都有关联，还和它如何在沉香内部分布有关。如果树脂分布不均匀，明明树脂含量很高，密度也不小，凭经验判断会沉水，可就会出现沉不到水底的现象。另外沉香是树脂和木质相混合的香料，有些沉香树脂含量高，密度也高，但同时它木质部分含量也高，就也有可能出现沉不到底的现象。

据说在20世纪70年代以前，我们国家中医药系统去海南、广东等地收购药材沉香的时候，因为当时还不存在掺假的现象，所以鉴定质量好坏的方法非常简单。收购人员只要将从香农手里收来的整袋的沉香往大水缸里一倒，凡是沉于水底的那些香料，都以国家的指导价格予以收购。剩下来半沉在水里的那些沉香往往是折价收购，而浮在水上的那些沉香基本就不予收购了。当然每批香里最好的几块沉香，香农是要自己收着的，一来作为传家之用，二来每逢大疫之年可以用来烧香避疫。不沉水的沉香不入药，这个是中药行的老规矩。但是最近20年来，随着野生沉香资源的急剧匮乏，沉水级沉香不但产量稀少，而且价格奇贵。无奈之下，相关管理部门只能以修改药典的方式，降低入药沉香的标准，来保障中药企业的采购和生产。

第二点是香材含水率对沉香是否沉水也有影响。有些沉香被采集到的时间不长，比较“新”，内部所含水分也比较多，密度挺高，入水即沉。但是存放一段时间（至少一年以上）后，随着含水率的下降，它的密度就会变小，也可能出现沉不到底的现象。这个现象在生结沉香中更容易发生。

第三点，沉不沉水是相对概念。同一产区或同一树种，木质部分的密度相同，这时以是否沉水来判断哪块材料的结油率高，才具参考价值。如果是不同产区或不同树种，其原木的密度本来就有差别，这时候如果以是否沉水来判断结油率高低的话，就很可能会出现偏差。木质部分密度大的材料往往会比木质部分密度小的材料更容易沉水，而两块材料的结油情况却未必是沉水的高。

第四点，沉不沉水的概念并不适用于熟结棋楠。因为熟结棋楠经过长时间的醇化后木质部分会逐渐腐朽而空心化，越是品质高的熟结棋楠醇化比例越高，木质部空心化越严重。这就导致了一部分品级极高的熟结棋楠相对于品级较低的熟结棋楠来说，反而是后者更容易沉水。而生结棋楠因为醇化时间不够长，其木质部分还来不及腐朽出现空心化。所以，生结棋楠仍可以以是否沉水作为判断结油率高低的参考依据。

生熟的分类方式是根据沉香是否从活体沉香树上采得以及采香时沉香所处的环境等因素对沉香进行分类，主要可以将沉香分为“生结”和“熟结”两大类。所谓生结沉香就是采香人直接从活着的沉香树上采下来的沉香，而所谓熟结沉香就是从已经枯朽的沉香树上采下来的沉香。

生结沉香的醇化时间，一般情况下都会都比熟结沉香的醇化时间要短。虽然从品相上看，如果不是经验老到的行家，是很难区分生结沉香和熟结沉香的，不过从香韵上还是比较容易辨别两者的差异的。生结沉香结油一般都是片状或者块状的，香味比较霸道、浓厚，具有很强的穿透力。而熟结沉香的香味比较柔雅清甜。燃烧的时候，生结沉香出香快，味道比较热烈，而熟结沉香出香会相对慢一些，有的熟结沉香在刚开始烧的时候是没什么味道的，慢慢地才会爆发出来。生结沉香的韵味一般持续时间不会太长，而熟结沉香的韵味则会非常持久。另外，品质比较差的生结沉香，由于结油比较少，树脂醇化时间不够，化学性质不够

生结棋楠显微结构

熟结棋楠显微结构

稳定，往往还会出现香味减淡甚至消失的情况。这一点在历代关于沉香的记载中都有所论及。我们前面章节里节录过的《天香传》中就有生结黄熟香气味减淡的记载。

现在人工种植的沉香树所产的沉香就是生结沉香，种植技术的提升，使得结香时间普遍缩短到了天然结香时间的1/10左右，所以生结沉香香味减淡的情况在人工种植的沉香里普遍存在。有人曾经用不加人工干预自然结香的种植沉香做了一个实验，在通风干燥条件相对较好的环境里存放一定时间以后，其香味确实有明显变淡的迹象。所以人工种植的沉香香材，一般在采香以后，要在最短的时间内将其加工成定型的香品，以免香味变淡的现象发生。

熟结沉香根据采香时沉香所处的环境等因素，又可以分为水沉、土沉、倒架等几类。

水沉和土沉是根据采香时枯朽的沉香木倒伏的地点不同来分的。土沉就是倒伏在泥土里面的沉香，根据泥土的颜色不同，又可以分为黄土沉香和红土沉香。因为土质的不同，掩埋其中的沉香在醇化反应时从土壤中吸收的微量元素也就不同，所以最后形成的沉香的风味就存在较大的区别，红土甜鲜美妙，黄土厚重沉稳。

水沉则是倒伏在沼泽附近，或从沼泽，或从水底的淤泥中捞起来的沉香木。这里大家要注意，沉水香和水沉香这两个名称不只是汉字的位置做了调换，它们确实是两个完全不同的含义。沉水香是指按照沉香内部所含油脂的丰富度以及致密度来进行分类时的一类沉香，说的是沉香香材放到水里后能沉入水底的现象。而水沉香是指按照采香时发现沉香的位置是在沼泽或水中而分出的熟结沉香中的一类沉香。

土沉、水沉因为其周围土壤环境不一样，所以香味也是不同的。有些人觉得水沉的味道干净、柔丽，觉得土沉的土腥气太重，但其实两者之间并没有太明显的优劣之分。从采香难度上看，土沉比较容易采，但是品质上乘的少；水沉难采，但上乘品质的较多。当然也偶有例外。以前我就遇到过一块香中带臭且臭气始终萦绕的水沉香。究其原因，可能是有一只大型动物恰巧倒在这块水沉香所在的沼泽中了，香材受到了动物尸体腐化过程中带有恶臭物质的影响，才有这香中带臭的“奇香”现世。所以除了富森红土等以外，品质一般的土沉都比较便宜。如果土沉和水沉的品级、规格和价值都一样的话，说实话到底如何区分伯仲，很大程度上就取决于个人偏好了。

熟结沉香中还有一类就是倒架沉香。倒架沉香和土沉的成因也比较相似，只是土沉沉香是沉香树枯朽倒伏后被埋到土壤中，而倒架沉香是沉香树枯朽后并未被埋到土壤中罢了。一定意义上说，倒架沉香是倒伏后还未来得及被埋入土中的沉香，也可以说是土沉沉香的“半成品”。所以从这一点就能知道，倒架沉香的醇化时间比土沉、水沉的醇化时间要相对短些，因未入土，香味虽另有清新之感，香韵自然也就不如土沉、水沉来得醇厚。

成因、部位、形状：传统上也有以促使沉香树分泌树脂的诱因、结香部位以及香的形状等为依据，对沉香进行分类的。但这样分类，多数是采香的香农在卖香时，为了让不同香材的价格拉开差距，特意设定或夸大了其中的某些特点而产生的。以此分类，不但使沉香品类繁杂，而且随意性也比较大。

在这个分类中，实际意义最大的就是“虫漏”。古称“虫镂”，“镂”要比“漏”更形象、更准确，意思是“虫子钻空树木而产生的沉香”。现在人误作“虫漏”，意思虽能联想成“因为虫子留下孔洞而产生的香”，但字面表述确实存在歧义，足可见现代人玩香的水平和境界与古人比起来还是有一定差距的。奇怪的是在以促使沉香树分泌树脂的诱因分类里面，除了虫咬这个结香的诱因之外，其他所有促使沉香树分泌树脂的诱因都没有被突出，并成为沉香的分类名称，所谓火烧沉、雷劈沉、风吹沉等其他以结香诱因为名的沉香品类并没有出现。究其原因也很简单，虫咬的诱因使得沉香产生了与众不同的韵味，而火烧、雷劈、风吹、刀砍等诱因对沉香韵味并没有特别的促进作用。根据这个准则，在虫漏这个种类里，又单独分出了一个“蚁沉”品类，顾名思义就是沉香树是被蚂蚁或白蚁（特别是后者）啃咬后分泌树脂而产生的沉香。据说白蚁或其他虫类在啃食沉香树时，会分泌出一些带有甜香气息的天然化学物质；这些化学物质也会参与沉香结香至醇化的全过程当中，从而使得所结的沉香变得更加甜美和鲜活。

至于根据沉香在沉香树上的结香位置和沉香的造型进行的分类，那就比较随意了。比如板头料，就是圆圆的一块板，其实就是一个树干的横截面。再比如所谓的树心油，就是沉香树干中心结的油脂含量较高的香材。还有什么壳子料，就是内里中空，外面薄薄一层，像什么东西蜕下的壳一样。莲蓬香就是长得像莲蓬一样的香材。凡此种种，不胜枚举。

最后我们以沉香的质量为分类依据，还能得出一个沉香中的特异品类，这就是号称“沉香中的沉香”的棋楠香。如果以珠宝来比喻棋楠和沉香的珍贵程度的话，沉香是黄金，那棋楠就是钻石。棋楠不仅是沉香中顶级的品类，而且还是沉香中最神秘的品类。

虽然现在已经有了所谓的人工种植棋楠，并且这些树也被沉香树苗培育者称作棋楠种，但从植物学角度看，瑞香科沉香属和拟沉香属的植物中并没有一个叫作棋楠树的种群。而且到目前为止，棋楠到底是怎么形成的仍然是个谜。

从历史上看，棋楠（或称为伽楠、茄楠、奇南、奇蓝）最早见于南宋记载。但是在中国古代用香实践中，真正把棋楠与沉香加以区别，并将其归为最高等级的沉香，则是到明代才有的，如明慎懋官《华夷续考》中就有关于“奇楠香”的专条记载：

> 奇楠香，品杂，出海上诸山，盖香木枝柯窍露者，木虽死而本存者，气性皆温，故为大蚁所穴，蚁食蜜，归而遗渍于香中，岁久渐浸，木受蜜结而坚润，则香成矣。

白话译文：奇楠香，品类繁杂，出自海上的众多山中，大概就是香木的树枝枯朽后木质部分裸露在外面的部分。这段树虽然死了，却留下了一段木头，而且它的气味和性状都是温性的，所以被大蚂蚁当作巢穴。蚂蚁喜欢甜食，它们外出采蜜回来以后残留在身上的蜜就都粘在了木头上。年深日久，蜜汁逐渐浸润木头，木头与蜜汁结合后变得越来越坚硬、润泽，这时候木头就变成了奇楠香了。

这种结香方式，与沉香差异不大，甚至有“伽楠与沉香并生，唯沉香质坚，伽楠质软”的说法。明徐树丕《识小录》就有记录“伽南香”，明周嘉胄《香乘》也记载有“奇南香”，其记载与上引类似，但说到香味，《识小录》则以“香可芬数室，价倍白银”（香味可以充满好几间房间，价格是白银的数倍）来形容。《香乘》亦有云：“价倍黄金，然绝不可得。倘佩少许，才一登座，满堂馥郁，佩者去后，香犹不散。”（价格是黄金的好几倍，却几乎没办法得到。如果身上佩戴一点点，只要在屋子里坐一下，整间房间都芳香无比。佩戴棋楠的人离开以后，房间里的香味还是经久不散。）这些都说明了棋楠的高贵稀有以及香味的特性。

其实，当时用棋楠每雕一样东西，造办处都是要详细登记的。库房中取出一块棋楠材料时要称重，等到雕好以后还要称重，不单要称雕件的分量，还要称雕下来的碎片以及粉末的重量，两者相加与材料领走时的数值要相等，才可入库，否则就要查问缺失分量的去处。

另外，我们从《造办处各作成做活计清档》等资料中还能发现，雍正时期对于进献的沉香，皇帝都会亲自下令要求专人来认看香的等级，首先是要确认其是否为棋楠，然后才是辨识属于哪种沉香。如雍正四年（1726年）三月初七《杂活作清档》记载：“沉香一块重七（斤），奉旨着认看或是伽楠香或是沉速香，认别分明，亦收在造办处库内”（此处“沉速香”即为当时清宫造办处“不沉水”的沉香特指术语），而同日就有牙匠叶鼎新“认看得不是伽楠香是沉速香”的回奏。同年六月十八日《木作清档》记：“香一块重八斤，奉旨着认看，若平常，收在造办处做材料用”，同日根据袁景劭认看“系花（铲）沉香假充伽楠香”等语的回复。档案中所谓“花沉香”，是指木质部与油脂部相杂不纯、品级太不高的沉香。而“铲沉香”是指仔细铲去木质部以后仅留结油部分的沉香。看描述，这种所谓铲沉香，颇似以沉香冒充棋楠的一种较为古老的作假手段。从这些认看的记录可知，真正的棋楠即使在盛清时期的宫廷内也不多见。

另外还有一个更为直接地证明了即使是皇家，要得到棋楠也是非常困难的例子。清，乾隆曾下旨要求造办处收购熟结棋楠。于是，造办处就委托广州十三行找到东印度公司在整个南亚与东南亚地区搜寻。所要棋楠的品质要求是，用手掐一下，手上要留有明显的油印子，而手一放开，这块棋楠上的掐痕就会自动回弹，还有就是棋楠碎屑一捏就要能够成团。根据这样的要求，在当时号称神通广大的东印度公司找了整整一年半仍然一无所获，足见上等棋楠的稀有与珍贵。

在中医药领域里，自明代以后就开始把棋楠和沉香的功效加以一定的区分。与沉香更多作为“气氛中药”“使药”，以及用以补肾益脾不同，棋楠在不少医方里承担起了急救药的角色。据清宫医案记载，当年慈禧太后患上面瘫症，御医就是用棋楠粉等药材混合外敷后不久产生奇效，将面瘫症迅速治愈的。另外，前些年很多人去日本旅游，都会在药店购买的一款名为“救心”的汉方急救药，其中的主要成分就是棋楠。据吃过这个药的朋友介绍，此药入口后，唇齿皆麻。这一点与咀嚼棋楠的口感十分接近。想来，棋楠对于心脏急症的保护作用绝非普通沉香所能比拟。

“棋楠”是从梵语翻译过来的词，佛经中常写为“多伽罗”，后来又有“伽南”“伽楠”“棋楠”等名称。这也在一定程度上印证了棋楠出于印度之说。

在中国古代香药典籍的记载中，棋楠香木质黑润，用手指掐，会有油溢出、柔韧者为最佳。各个沉香产区都出产棋楠，而以占城（今越南南部地区）所出的棋楠最多，品质也佳。此处是现在棋楠的主要产区。其中更以越南芽庄附近的林同、宁顺、庆和三省交会山区的沉香产区为最大的棋楠产区。芽庄为其集散中心，按香味、外表分为白棋、绿棋、紫棋、黄棋、红棋等。“黄棋”就是芽庄红土。而业内所说的“黑棋楠”，系沉香商人杜撰出来以抬高价格的一个新名词，实际则为部分惠安系列、星洲系列产区的老料沉香，其实品质是达不到棋楠的级别的。它虽然就沉香而论其品质实属尚佳，但以棋楠而论，则属于以次充好的类型，故需要小心辨别。其次就是柬埔寨沉香中被称为菩萨棋的沉香，有棋楠之韵味，质硬，

老挝紫棋

老挝紫棋细部

越南白棋

越南白棋细部

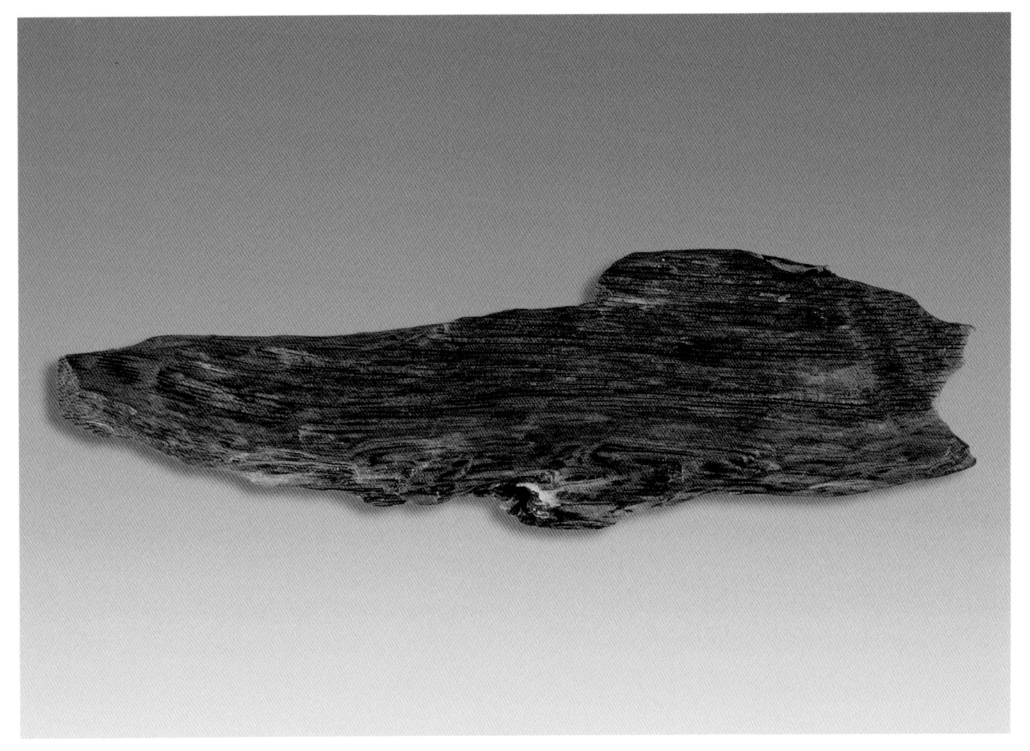

海南棋楠

海南棋楠细部

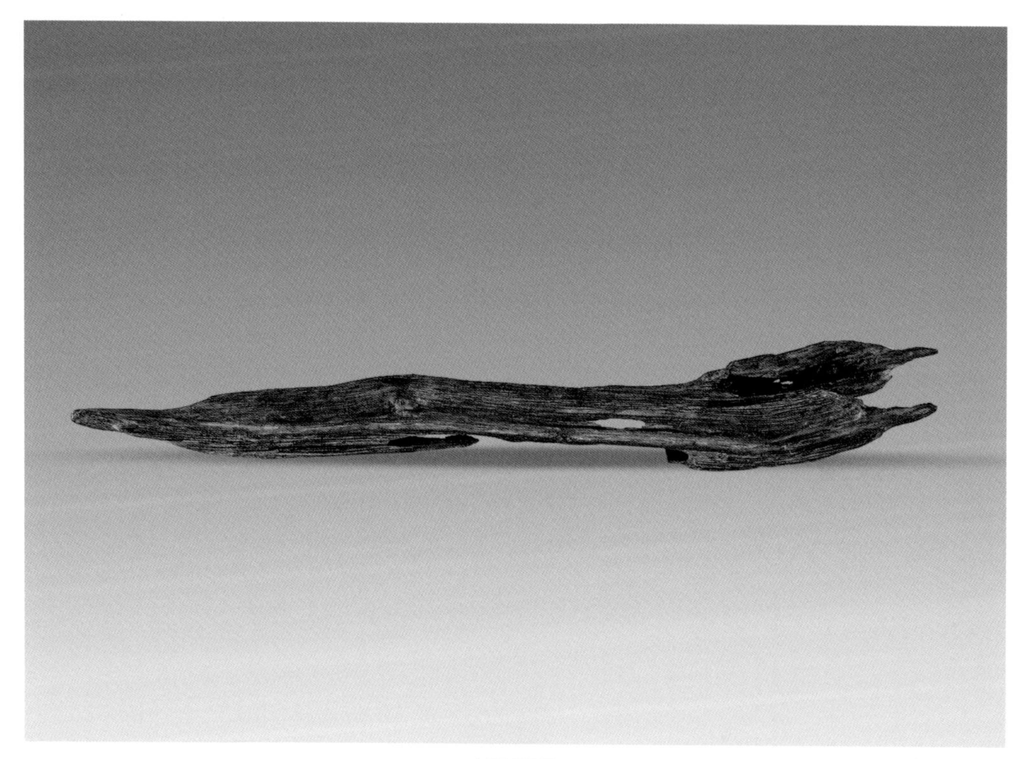

印度棋楠

印度棋楠细部

是柬埔寨菩萨省所产的带有一些棋楠韵味的高品质沉香，但也不是棋楠。

文莱以及印度尼西亚的达拉干，包括马来西亚等产区，也有软丝的高品质沉香，所谓软丝就是结油比例高，生闻有的有“棋韵”，但如果用煎香的方法品味时则和棋楠相差甚远。市场上称其为“黑棋”，实际上就是为了提升价格。

熟结棋楠一般是伴随着熟结沉香一同被发现的。经验丰富的香农在挖掘到一坑熟结沉香的时候就会特别注意，因为往往这些熟结沉香里就会掺有少量的棋楠。现在大家习惯上都以颜色来为棋楠分类，如白棋、绿棋、黄棋、红棋、紫棋等等。早在明代，按照陈让的《海外逸说》，我们国家就首次依据颜色，将棋楠划分出“绿色、深绿色、金丝色、黄土色、黑色”五个等级：“伽南上者曰莺歌绿，色如莺毛，最为难得。”这是说最好的棋楠切面能有莺歌羽之绿，鲜艳夺目，最为难得。我涉足沉香行业几十年，实未真见。每有人称自己有莺歌绿棋楠，而见之则心中不许。“次曰兰花结，色嫩绿而黑。”此类灯光之下呈墨绿之色，韵味极好，在棋楠熟结中常见，若醇化时间差异大的话，其变化也是相当悬殊的。“又次曰金丝结，色微黄。”偶见棋楠在灯光下显金黄色，味极清醇，很有高级感，我曾在数年前的一家日本拍卖行看到有一块现身，轰动一时，也实难得。“再次曰糖结，黄色是者也。”我曾经见越南大叻区产棋楠，切口红褐色，生闻如法国甜点，煎香时“棋韵”有浓稠的甜味，称其为糖结真的非常合适。“下曰铁结，色黑而微坚，皆各有膏腻。”现在市场上所称的白棋就应该是这一类了。其切口色黑微坚，极易沉水。其实熟结往往是内部木质结构枯朽而导致其更软且只能半沉于水中。记得2010年左右，第一批生结棋楠出现时，因为都是从中东香店回流之物，多少掺杂了异味。我试了很多方法都不能去除，就没敢收藏。后两个大胆的朋友买下后切珠，免去了杂味难题。大家都没见过这类棋楠，怎么办呢？那就另起个名称叫白棋吧。当时我笑骂明明是黑色的，你们却叫白棋，指鹿为马啊。朋友笑答，我们是头部，叫着叫着就是了。现在看来他们比我更懂市场。那白棋到底是什么呢？中国古代的史料中并未见有白棋一说。而越南倒是有一种棋楠，表面青白色，内油蓝黑。切口后，蓝黑色会很快氧化变白。当地人称之为白棋，品香味极雅且清澈，被世人尊为上品。

实际上还有很多棋楠品种古人并未录于书。如我看到过的色金黄而油线玫瑰红的棋楠，可能古人写书时也未能见到这些。实际上当时进贡的香材和民间贸易用香，在很大程度上都有着巨大的差异。自汉至宋，沉香在中国人的生活中更多扮演的是用以营造奢华而又曼妙之境的介质角色。在丁谓的时代，他所谓的“天香”，上等的早已“一两之值与百金等”，极品的更是“一片万钱”，但是王公贵胄们却仍然用量巨大，但即使是王公贵胄，他们所能得之用香和贡品香材还是有着很大距离的。我们从晚于丁谓几十年的奸相蔡京烧沉香的故事

兰花结棋楠切面

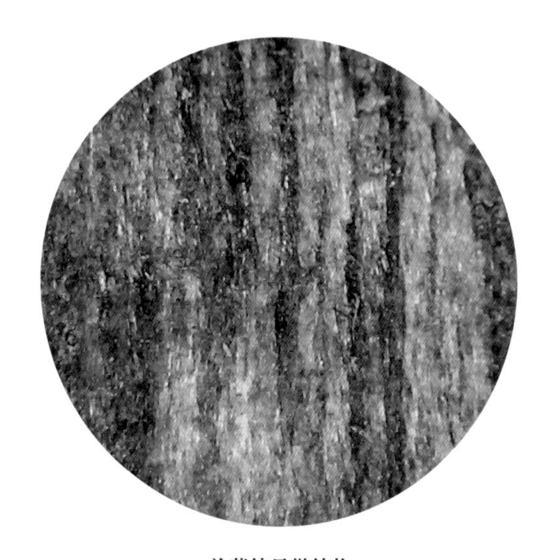

兰花结显微结构

兰花结手串

金丝结

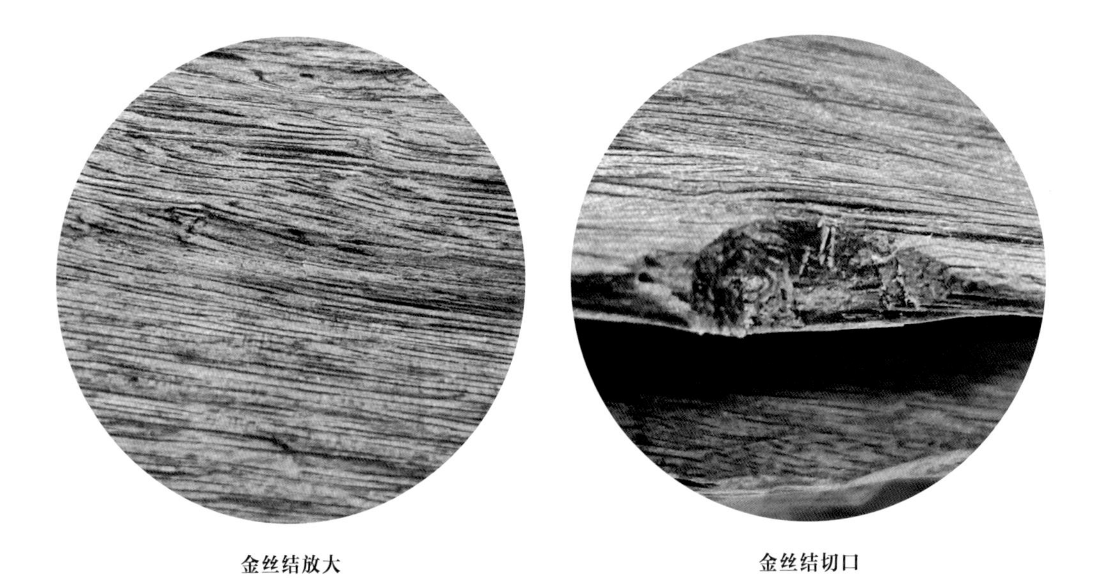

金丝结放大　　金丝结切口

就能管窥一斑。蔡京烧沉香自称“有气势”，每次烧香，都要先让小丫鬟们把香室的门窗密闭起来，用几十只大香炉同时在香室内熏烧沉香。等到整个香室里充满浓厚的香烟时再打开香室正北面的窗户，使得浓重的香烟从窗户中喷薄而出，在整个庭院里弥散、缭绕，有如仙境一般。然而，蔡京的烧香“有气势”在“天下一人”的宋徽宗面前，那就只能是小巫见大巫了。据说有一次宋徽宗召蔡京入宫，当时正值酷暑，十分炎热。可是当见到徽宗，蔡京时却发现徽宗还穿着较厚的秋衣，整个宫殿里异香满室又十分清凉。等到君臣对谈了一会儿以后，蔡京居然冷得直打寒战。于是，徽宗便叫人为蔡京披上一件斗篷御寒。等到公事谈完，蔡京万分不解地询问徽宗宫殿如此清凉的缘由。徽宗向御座两边指了指，又向宫殿两边的窗户指了指，笑而不答。同是“爱香达人”的蔡京这才发现，原来徽宗御座两旁的大金鉴里，分别码放着一大堆龙脑香和一大堆沉香；而宫殿两旁窗户上的帘子，竟然全都是用稀有的“黄蜡沉”（宋代称棋楠为黄蜡沉）珠子串成的。原来这宫殿里的异香和阵阵凉意都是从这些极品香材中散发出来的。我们由此可见，当时进贡的香材和民间贸易用香存在着的巨大差别也是完全可以理解的，也可以明白当初丁谓、蔡绦、苏轼等著书时所写的范畴应该都是民间用香，并不曾包括宫廷用香。由此，很多争议应该也就迎刃而解了。

糖结棋楠粉

沉香族之谜

南朝人沈怀远在《南越志》中记载，沉香的原名叫阿伽卢，就是梵语aguru的音译。后者在梵文里的意思就是“不漂浮的木头”。根据语言学家的研究，世界各国语言中的“沉香”一词，最主要的源头就是梵语。目前还没有确切的资料显示，梵语aguru到底是先向西进入古代欧洲语言，还是先向东进入古代汉语体系。但根据世界历史的时间顺序推测，最先受影响的应该是控制了近东地区两河流域的古波斯帝国，因为他们在公元前6世纪左右率先征服了印度。其后，很可能是在公元前4世纪，梵语aguru随着亚历山大大帝征服印度而流传到了欧洲。再之后应该就是公元前3世纪，古印度孔雀王朝的阿育王派遣僧侣到中国建立佛舍利塔，传播佛法的同时梵语aguru向东流传到了战国末年的中国。

由于古代两河流域文明早已失传，其文字和语言是在最近的两百年里面才被再次发现，所以梵语aguru在古波斯帝国语言中的演变，我们已经无法知晓。在古希腊语中，梵语

古波斯帝国壁画

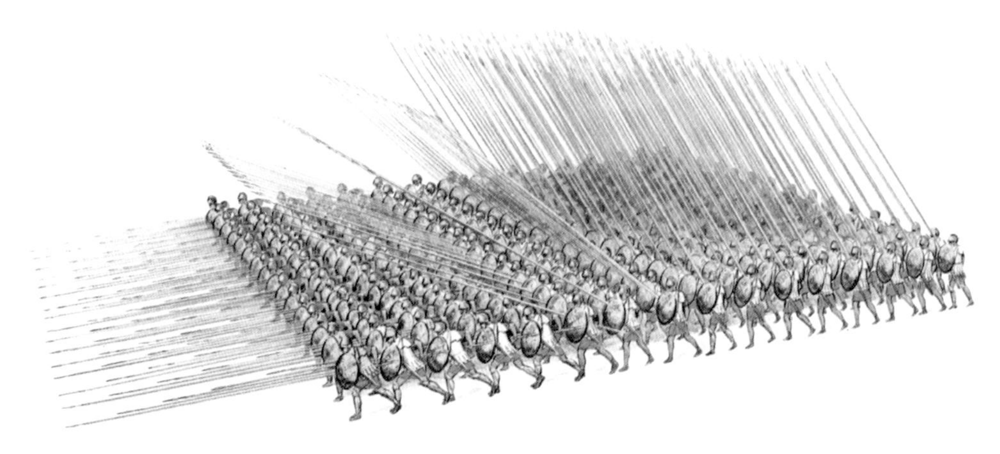

亚历山大大帝的马其顿方阵

aguru根据当地的语言习惯变成了agaloxon，但所指向的意思并没有改变。于是，古希腊语agaloxon就成了除英语以外大多数西方语言中“沉香”一词的源头。

当梵语aguru进入中国被意译成“沉香”后，其语义其实是发生了改变的。梵语aguru直译为“不漂浮的木头”，汉语“沉香”的字面意思是“能够沉入水底的香料”。很明显，梵语描述的是一种直观的状态，而汉语的描述更接近事物的本质。而且梵语aguru所指的

“不漂浮”包含了沉水和半浮沉两种状态，而汉语“沉香”的“沉”字，实则仅指沉水的一种状态。其中的差异有语言本身的差异，也有对于沉香理解深浅不同的差异。汉语“沉香”后来成了日本、朝鲜半岛、中南半岛等国家和地区语言中沉香一词的源头。其中颇为有趣的是马来语“沉香”一词。严格来说它并非直接源自汉语，但又和中国关系密切。马来语中的沉香为kayu gaharu，意为“丝绸木”，这大概是和古代马来半岛将其土特产沉香运往中国换回珍贵丝绸的这段历史密切相关吧。

大约在公元15世纪，当时的阿拉伯语借用了希腊语agaloxon这个词，再次转写成发音为galu的词。后来书面语又再次简化发音为ud的同义词。而ud的发音接近英文词aoud，最后就被定型为现在使用的oud这个词。而正式的阿拉伯语书面文本会以这样的一个短语形式出现——dehn al Oud，意思就是“木头的脂肪”。由此可见，在不同的文化中，大家对沉香关注的重点各有不同：印度人和欧洲人看中的是直观的“木头”，中国人关注的重点是沉水的特性与散发出来的美好气息，而阿拉伯人更关心的则是木头里面的油脂。

至于现代英语里的沉香agarwood，就是直接从梵语aguru演变而来，其出现时间大约在英国殖民印度的早期。另外，英语中另一单词eaglewood也是沉香的意思。几十年前我国台湾的沉香业内人士，借此臆造出了一个专有名词“鹰木系沉香”来指代马来群岛、巴布亚新几内亚等地区的沉香品种。这个误解一直被沿用至今，并成为行业“共识”。其实eaglewood一词源自法语里早期对沉香的一种非正式称呼d'aigel，d'表示从……而来，aigel是苍鹰的意思，连在一起就是一个比喻，形容沉香木的纹理像苍鹰羽毛的纹理。这本来是一种法式浪漫，法国人自己也没当真。（按：法语中沉香一词似乎没有特别正式的单词，用得比较多的是Calambac或Calembouc，据说源头出自马来语。）历史上欧洲各国都曾经钦慕法国文化，所以英语里就引入了这个来自法国的时髦而浪漫的名词，作为沉香的非正式名称。

大约在公元1000年，有一位阿拉伯医生关于沉香的记载被植物学界认为是最早关于沉香的科学记载。他描述了几种来自印度的沉香的性状，以及他从提供给他沉香的商人那里所了解到的沉香植物的情况。

大约500年后的欧洲文艺复兴时期，有一位在印度果阿地区行医的来自葡萄牙的内科医生奥尔塔，同时他也是一名博物学家。在一次偶然的机会中，奥尔塔接触到了印度所产的沉香。此后，大约是在1543年，他访问了马来半岛的马六甲。在那里，奥尔塔从几位华人药材和木材商人手上得到了几种产自不同地区的沉香。这马上引起了他的兴趣。在当地人的陪

鹰类的羽毛

伴下，奥尔塔进入马六甲原始森林的边缘地区，采集到了经过当地人确认的沉香树上的树枝和树叶。经过与他之前已经采集到的印度沉香的标本比较后，他将这些植物按照梵语命名为Agro。

100年后，一位名叫乔治·艾伯哈特的德国植物学家，研究了奥尔塔从马六甲带回的这些标本。他经过比对发现，奥尔塔在马六甲采集的标本，有一部分与生长在越南和泰国的沉香十分相似，另一部分除了与越南产的沉香相似之外，又与生长在老挝等国家的沉香十分相似。

“茶叶大盗”罗伯特·福琼

公元1800年前后，被称为印度植物学之父的苏格兰医生、植物学家威廉·洛克伯格经过细致的研究后发现，数百年来包括奥尔塔在内多人采集的植物标本，都有着相同的生物学特征，并且都生长在相似的纬度上，其真正的植物学源头均指向了来自印度阿萨姆地区的沉香。由此他便将其定名为Aquilaria agallocha Roxb.，即印度沉香。

数年后，法国博物学家和探险家皮埃尔·桑哈塔在他的第二次印度之旅中，在阿萨姆地区成功地采集到了印度沉香树的标本。阿萨姆地区是印度沉香的主要产区，几乎所有的顶级印度沉香都出自那里。阿萨姆在当地语言中意为“黄金满地”。1826年，英国在第一次英缅战争中取得了胜利，缅甸势力退出阿萨姆地区。东印度公司为了掠夺阿萨姆地区包括茶叶、沉香在内的自然资源，先是在下阿萨姆拥立之前的阿萨姆王族成员为傀儡国王，并将上阿萨姆并入印度。东印度公司利用当地贵族势力，大规模探察、开发并掠夺茶叶和沉香资源。1838年阿萨姆茶园生产出了第一批茶叶，获得了英国市场的认可。同年英国废黜了下阿萨姆的傀儡国王，阿萨姆地区彻底沦为了英国的殖民地。与此同时，东印度公司故技重施，又开始全面掠夺从印度到中南半岛以及马来群岛的沉香资源。东印度公司委派其麾下声名狼藉的“茶叶大盗”，植物学家罗伯特·福琼，出面邀请英国著名植物学家约翰·罗伊尔，共同对以前已获得的所有的沉香树标本、图片及相关研究结果进行再次研究，并于1839年，推翻了威廉·洛克伯格此前的结论，将印度沉香Aquilaria agallocha Roxb.重新命名为Aquilaria malaccensis，即“马来沉香”。此后在英国东印度公司的大力推动下，覆盖了从印度到东南半岛到马来群岛如此广域范围内的具有相近特性的沉香树均被装进了Aquilaria malaccensis（“马来沉香”）这个模糊而又宽泛的范畴，至今仍然被保留在沉香属的模式种内。

沉香族诞生

沉香属是“锦葵目瑞香科瑞香亚科”的一员，但是引号里这区区十个字，植物学界却为之前前后后争论了将近200年。

早在1836年国际分类系统建立之前，沉香属曾隶属于单独的沉香族。然而，到了1880年，因为没办法采集到更多的新标本加以证明。所以，英国植物学家边沁和虎克（不是那个中学教材里的荷兰人列文·虎克）就删除了这一分类。1894年，英国人吉尔格将沉香属和当时新发现的所谓岛沉香属、拟沉香属一起重新加入瑞香科中，放在位于沉香亚科的沉香族之下。似乎这个结果大家都很满意，于是就这样岁月静好地过了70多年。

1967年，沉香属又开始躁动了。有人提议将沉香亚科整体升格纳入瑞香目下，成立沉香科。然而，就在短短的一年以后，1968年，就又有人建议将瑞香目降格为瑞香科，归入桃金娘目。可对此也有人不同意，认为应该将其归入大戟目（该目很多植物也能结出芳香树脂，但有毒），而不是桃金娘目。桃金娘目和大戟目的支持者之间就这样展开了一场持续了25年的争论。

1988年，有一位叫克朗奎斯特的植物学家提出将瑞香科列为瑞香目下唯一的一科，这个建议被学术界采纳。1993年，又有一位叫海伍德的植物学家“一声吼”，将瑞香科从大戟目移到了桃金娘目，终结了此前持续了25年的论争。5年后的1998年，一个叫“被子植物种系发生学组”的国际联合研究机构将瑞香科归入锦葵目。此后，沉香家族的归属问题也逐渐清晰起来。2002年和2003年，植物学家赫伯特两次对瑞香科下的亚科进行了调整和更新，不过只是总结了鳞薇木亚科和瑞香亚科两大亚科，并将沉香族归入瑞香亚科。至此，一场反反复复争论了近200年的悬案终于尘埃落定，沉香属和其近亲拟沉香属的正式归属为锦葵目瑞香科瑞香亚科沉香族。

广义的沉香族植物包括瑞香科下7个属，约157个种、2个亚种的植物。它们分别是：沉香属约22种植物，拟沉香属约9种植物，鹰木香属的1种植物（按：不是谬误传言中的星洲系鹰木香属），棱柱木属约31种和1个亚种植物，翼薇香属约4种和1个亚种植物，皇冠果属约20种植物，荛花属约70种植物。

根据中国学者吴征镒的研究，沉香族植物为分布于热带亚洲地区的特有植物。而国际公认的狭义的沉香仅来自沉香属与拟沉香属合计约31种的植物。沉香属与拟沉香属植物具有非常相似的特征。因此，自1922年开始至今约100年的时间里，植物家们一直在试图通过各种手段来证明，沉香属与拟沉香属之间有着非常近的亲缘关系。当然站在沉香行业的角度来说，很多人应该非常希望把这两个属合并起来。毕竟这个结论一旦成立，拟沉香属所产的沉香价格应该会大涨一波。但让很多植物学家和沉香从业者失望的是，越来越多的研究结果指向了与大家期望相反的方向：沉香属与拟沉香属之间的亲缘关系，可能并不比与瑞香科其他属的植物关系更近。所以，是否要将它们合并成一个属的争议肯定还将继续下去。

不过有两种流行但却错误的观念是必须厘清的。一是凭空想象的树种：莞香树、蜜香树、鹰木香树。

讲到沉香有哪些树种，最常听到的就是将沉香树分为莞香树、蜜香树、鹰木香树这三大类的说法。相对应的地域划分就是：莞香树就是中国的沉香树，蜜香树就是位于中南半岛的越南、缅甸、老挝、柬埔寨等国家的沉香树，从马来半岛到马来群岛一直到巴布亚新几内亚的沉香树统统是鹰木香树。一些沉香“专家”还会附会上每一种树的特征：莞香树结的沉香清甜干净；蜜香树结的沉香顾名思义甜味很重，以至于蚂蚁爱吃，所以虫漏多；鹰木香树结的沉香具有老鹰羽毛一样美丽的花纹；等等不一而足。不少关于沉香的专著也采用这样的说法，有些还为这三类树种配上了“相对应的”模式种标本照片，看起来非常专业，不容置疑。但是当我们试图翻译这些模式种标本上面的拉丁文标签时，却发现图文是完全不对版的。

“莞香树”配的标本，拉丁文名写作Aquilaria sinensis。Aquilaria是沉香的意思，很多时候会缩写成A.。sinensis翻译过来就是中国。所以如果按照直译，这拉丁文就是中国沉香。对应的正式植物学名叫作白木香，曾用名土沉香，别名莞香。也就是说，白木香是中国原种沉香树的大名，古代曾经被叫过“土沉香”。（这里的“土”代表本土所产的意思，历史上看，是海外朝贡来的沉香先于本土沉香被中原王朝所用，所以才会在本土沉香前面加一个“土”字以示区别。）常识告诉我们，曾用名和小名都不能替代大名。京剧里包公在宫外见到微服私访的太后，口称“臣包黑见驾”，这样的事情只能是在戏里，演戏是娱乐观众，现实中不可能会出现。不知道这些言之凿凿说中国沉香树是莞香树的论点是入戏太深，还是太有娱乐精神。另外，“莞香”一般特指广东东莞所出的沉香，可是广阔的南中国大地上有很多能出好香的地方，只拿一个地方出来代表，似乎也不太合适，不如还是称白木香，或者直接用拉丁文直译中国沉香为妥。这样不但听着更大气，而且有文化自豪感，对中国沉香产业的整体发展也是有帮助的。不知各位读者君以为如何？

“蜜香树”配的标本拉丁文名写作Aquilaria crassna，拉丁文翻译过来叫作厚叶沉香，有些学者翻译为越南沉香或者棋楠沉香，主要分布于越南、老挝、柬埔寨和泰国。该区域里还有柬埔寨沉香、巴那沉香、皱纹沉香、近全缘沉香等多种沉香分布，怎么就只留厚叶沉香一种，其他都不要了呢？况且Aquilaria crassna不管是大名还是别名，也都没有跟“蜜香树”沾边的地方呀。诚然中国古代医书上确有沉香别名为蜜香的记载，但是也没有说此蜜香就是彼蜜香呀。笔者遍查典籍也没找到“蜜香树”定名的依据，若非笔者学力不逮，那就只能轻叹两声“咄咄怪哉，咄咄怪哉”了。

“鹰木香树”配的标本拉丁文名写作Aquilaria malaccensis，翻译过来叫作马来沉香。而鹰木香树其实是另外一种植物，严格意义上来说，还不属于沉香的范畴。鹰木香树是瑞香科广义沉香族鹰木香属的植物，拉丁文名写作Aetoxylon。有资料显示，鹰木香属中有一种树能结出类似沉香的物质。这个鹰木香树的木头因为花纹很好看，常被用来冒充沉香，被冠以“花奇楠”“鳄鱼木”等名称。

由是观之，“莞香树”之名也许还有些道理，“蜜香树”之名牵强再三以后还勉强有其歪理，“鹰木香树”一说则纯粹胡编臆造。可叹此说一直以来还在沉香界广为流行，甚至在一部研究沉香的专业论文的引文中还将其列述一番。恨此流毒之深广，唯痛心疾首无以为表。

二是买家们的迷糊分类：莞香系、惠安系、星洲系。可能是有人觉得“莞香树”“蜜香树”“鹰木香树”这套似是而非的树种伪概念还存有较为明显的漏洞，很容易遭到熟识植物学或者拉丁文的朋友非议，于是另一套“迷踪组合拳”就成了前面那套树种理论的“补丁”，这就是沉香香材的“三系”说：莞香系、惠安系、星洲系。

先说“星洲系”。“星洲系”的得名来自从马来半岛到马来群岛以至巴布亚新几内亚这个广大范围内最大的沉香贸易集散中心——新加坡。

相传公元14世纪，在苏门答腊的三佛齐王国，有一位名为圣尼罗乌达玛的王子，依稀看到遥远的地方有一座小岛，十分神往，决意要亲自乘船去探个究竟。当王子的船队历经艰险快要抵达海岸的时候，一只美丽而又神奇的动物从王子眼前掠过。王子从来没有见过这种动物，随从告诉他那是一只狮子。于是，这位王子就为这个小岛取名“新加坡拉”（Singapura），在梵文中Singa是“狮子”，pura是“城”，意思是狮子城。新加坡便由此得名。因为新加坡面积太小，所以很多华人就取谐音称新加坡为“星加坡”“星洲”“星岛”等，意思就是看上去和星星一样小的地方。

新加坡虽小，但是东南亚国家所产的沉香大多却集中在新加坡交易，久而久之它就成为世界著名的沉香集散地。因此“星洲”周边多国所产的沉香就被称为星洲系列沉香。目前，星洲系列产区的沉香产量占了世界沉香产量的70%，在全世界范围内的使用量也是最大的。

个人认为，从方便沉香贸易的角度，“星洲系”的分类有一定道理。但是对于广大沉香爱好者而言，这个分类就显得过于笼统。如果将非律宾沉香也算进“星洲系”的话，那么这个区域内就包含了22种沉香属植物中的13种和9种拟沉香属植物中的8种。抛开气味和特性这些因素，过于笼统的分类也是这个区域内的沉香除了“加里曼丹”以外整体认知度始终不太高的重要原因。

再说“惠安系”。“惠安”两字所指的其实是一个区域性沉香贸易集散中心的名字。这个集散中心不是福建泉州的惠安，而是越南的一个海边小镇。周边地区的沉香都会通过内陆河运输到惠安港口，再从这里转运到东南亚乃至全世界。因此一般把从惠安港口运输出去的各个产地的沉香，统称为惠安系沉香。惠安系沉香产区包括中国的海南和云南，以及柬埔寨、老挝、泰国、越南、缅甸等国家。广义的惠安系沉香产区还包括印度、孟加拉国、不丹、尼泊尔和斯里兰卡。

不得不说这又是一个十分含混的分类，既包含了中国原生品种白木香、云南沉香，也包含了印度、不丹、缅甸北部等的原生种沉香，以及中南半岛地区的原生种厚叶沉香，还有多个相互具有亲缘关系的杂交沉香和一个拟沉香种。各个品种沉香之间的气味、特征、品质差异极大，这就造成了惠安系沉香被称为味道最复杂、最难了解清楚的沉香大类。

最后说“莞香系”。关于莞香系说法的由来，一种解释是广东东莞地区历来是中国沉香的主要产区之一，有人便将此“莞香”与“莞香系”之莞香二字画上了等号，让人有东莞沉香便是国香正宗的错觉。此外，历史上，由于海禁而受牵连，无法大量贩卖到江南和中原地区的两广、海南沉香，确实有相当一部分被偷偷贩运到了越南等地区。不知何时起，有人就把海南产的沉香划入了以越南沉香为主的“惠安系”中。

其实，只要稍加考察我们就会发现，“莞香系”这个名称的历史依据并非源自白木香的别名，而是国内两个重要的沉香贸易集散中心城市名称的缩写。正如惠安系列以其集散中心惠安港的名字命名，星洲系列以其集散中心新加坡的名字命名，传统沉香贸易中习惯于以某一片区内最主要的沉香贸易集散中心的名字来命名一个沉香产区。中国历史上沉香最主要的贸易集散中心城市有两个，分别是东莞和香港。所以“莞香”二字应是东莞、香港两座城市名称的缩写合称，而不是指白木香，更不是单指东莞沉香。

综上所述，“莞香系”“惠安系”“星洲系”是传统国际沉香贸易中为了方便交易各方而采取的一种笼统分类。毕竟交易各方都是行家，对于沉香产地、品质的辨别都驾轻就熟。这个时候，这种简单分类其实更便于将不同产区、不同品种的沉香，按照一定的品质进行定价，便于交易的尽快达成。但是对于终端的消费者、收藏家、爱好者而言，这是一种严重的信息不对称。所造成的后果就是卖家心里门清，而终端买家却越来越迷糊的不透明的市场环境，从长期看，将对整个沉香产业的发展不利。

沉香族分布

世界沉香属植物及其分布

编号	学名	中文名	分布
1	*Aquilaria apiculata*	突尖沉香	菲律宾
2	*Aquilaria baillonii*	柬埔寨沉香	柬埔寨、越南
3	*Aquilaria banaensis*	巴那沉香	越南
4	*Aquilaria beccariana*	贝卡利沉香	加里曼丹岛、文莱、马来西亚、印度尼西亚
5	*Aquilaria brachyantha*	短药沉香	菲律宾
6	**Aquilariacaudata (Brachythalamus caudatus)*	尾叶沉香	新几内亚岛
7	*Aquilaria citrinicarpa*	柠檬果沉香	菲律宾
8	*Aquilaria crassna*	厚叶沉香	泰国、柬埔寨、老挝、越南
9	*Aquilaria cumingiana*	奎明沉香	菲律宾、马鲁古群岛、加里曼丹岛、印度尼西亚
10	*Aquilaria filaria*	丝沉香	新几内亚岛、菲律宾、马鲁古群岛、印度尼西亚
11	*Aquilaria hirta*	毛沉香	马来西亚、新加坡、泰国、印度尼西亚
12	*Aquilaria khasiana*	喀西沉香	印度
13	*Aquilaria malaccensis (A.agallocha)*	马来沉香	★印度、★不丹、★缅甸、★孟加拉国、越南、菲律宾、马来西亚、泰国、新加坡、印度尼西亚、加里曼丹岛
14	*Aquilaria microcarpa*	小果沉香	加里曼丹岛、文莱、马来西亚、新加坡、印度尼西亚

（续表）

编号	学名	中文名	分布
15	*Aquilaria parvifolia*	小叶沉香	菲律宾
16	**Aquilaria pubescens (Gyrinopsis cumingiana pubescens) var.*	柔毛沉香	菲律宾
17	*Aquilaria rostrata*	具喙沉香	马来西亚
18	*Aquilaria rugosa*	皱纹沉香	越南
19	*Aquilaria sinensis*	白木香（土沉香）	中国
20	*Aquilaria subintegra*	近全缘沉香	泰国
21	*Aquilaria urdanetensis*	乌坦尼塔沉香	菲律宾
22	*Aquilaria vunnanensis*	云南沉香	中国

注：（1）表中打“*”表示有争议的类群。

（2）表中打“★”的四个国家所产的所谓马来沉香，我们之前已经论述过，由于一些历史遗留问题，其植物学分类存在一定的异议，实则应该称其为“印度沉香”。后文中凡提及该四个国家的相应的沉香属植物时，皆称为“印度沉香”，而不再称其为“马来沉香”，并不再特别说明。

世界拟沉香属植物及其分布

编号	学名	中文名	分布
1	*Gyrinops caudatus*	尾叶拟沉香	新几内亚岛
2	*Gyrinops decipiens*	易混淆拟沉香	马来西亚、印度尼西亚
3	*Gyrinops ledermanii*	莱德曼拟沉香	新几内亚岛
4	*Gyrinops moluccana*	摩鹿加拟沉香	印度尼西亚
5	*Gyrinops salicifolia*	柳叶拟沉香	新几内亚岛
6	*Gyrinops podocarpus*	柄果拟沉香	新几内亚岛
7	*Gyrinops versteegi*	韦斯特格拟沉香	印度尼西亚、小巽他群岛、新几内亚岛
8	*Gyrinops vidalii*	维达尔拟沉香	老挝
9	*Gyrinops walla*	瓦拉拟沉香	印度、斯里兰卡

根据上面的整理以及之前我们已经介绍过的内容，就很容易归纳出以下结论。

一、拥有沉香物种最多的国家是菲律宾（9种），其次是印度尼西亚（6种），再次是马来西亚（5种）。

二、拥有沉香物种最少的国家是缅甸、孟加拉国、不丹、老挝，它们境内都只有1种沉香物种。然后是印度、中国、新加坡、柬埔寨，境内均有2种沉香植物。

三、中国沉香植物中，云南沉香种群分布区域较小，沉香产量微乎其微，占最主要地位的沉香植物其实是白木香种群。所以原则上我们可以将中国看成是一个单一沉香种群区域。

四、印度境内分布有喀西沉香与印度沉香，喀西沉香分布于印度次大陆南部地区，产量不多，品质普通。而印度沉香分布于印度东北部的阿萨姆地区。与其接壤的孟加拉国、不丹及缅甸北部地区也均为印度沉香种群。所以我们也可以将以阿萨姆地区为核心的这个区域看作是一个单一沉香植物种群的区域：印缅种群区域。

五、老挝境内虽然只有一种沉香植物，但是却与临近的越南、柬埔寨种群一致。且老挝的自然地理环境与越南、柬埔寨基本没有太大差异，所以老挝并不是单一种群区域，而应该和越南、柬埔寨一起成为一个种群区域：越柬老种群区域。

六、文莱、新加坡、巴布亚新几内亚不论是从自然地理上看还是从沉香植物种群上看，都与马来西亚和印度尼西亚没有太大区别，应归属于马、印、新种群区域。

七、泰国不论是从自然地理还是从沉香植物种群上看，都可以视为越柬种群区域与马、印、新种群区域的过渡区域。

八、菲律宾不但是拥有沉香植物种类最多的国家，而且还是拥有独有沉香植物品种最多的国家，很难被归入其他任何一个沉香种群区域中，所以可以成为一个单独的种群区域：菲律宾种群区域。

九、一个沉香种群区域内的沉香植物有以下几种分布情况。

（一）只有一种独有种群，或有两个独有种群且其中一个种群占有绝对优势。我们可以称这类区域为“单一沉香种群区域”，如中国、印度、不丹、孟加拉国、缅甸。

（二）有两种以上、五种以下的种群分布，且有两种左右的沉香种群是优势种群。我们可以称类区域为“优势种群区域”，如越、柬、老种群区域。其优势沉香种群为厚叶沉香（越南沉香）和柬埔寨沉香。

（三）有五种以上的种群分布，且有多种沉香种群占有一定优势的区域。我们可以称其为“一般优势种群区域”，如马、印、新种群区域。区域内具有较强优势的沉香种群是马来沉香，具有一定优势的沉香种群是丝沉香、毛沉香、小果沉香、奎明沉香和贝卡利沉香。

（四）有五种以上的种群分布，但没有种群占有一定优势的区域。我们可以称其为“无优势种群区域”，这个区域就是菲律宾。

（五）没有独有种群，却兼有其他两个区域内优势种群的区域，我们可以称之为“过渡种群区域”，这个区域就是泰国。区域内占有优势地位的沉香种群分别是厚叶沉香和马来沉香，区域内的独有种群近全缘沉香极有可能是厚叶沉香和马来沉香的杂交品种。

十、从演化角度看，沉香属植物是一个较为原始的植物种类，相对来说，不同种群之间更容易产生杂交种群。就目前来看，原生种群沉香植物所结的沉香质量优于杂交种群。所以在种群区域内，品种越单一，沉香质量就越高。另外区域内的独有种群只有在同时也是优势种群的时候，才可能是该区域的原生种群，否则极有可能是杂交种群。这一点在菲律宾群岛表现得非常明显，该区域内拥有数量最多的独有沉香种群，但均未成为优势种群，很有可能是马来沉香和丝沉香的杂交品种。

十一、相应的各种群区域之间所产的沉香品质的平均水平，大致可以排列为以下三类。

一类是单一种群区域：中国种群区域、印缅种群区域。

二类是优势种群区域：越、柬、老种群区域。

三类是一般优势种群区域、无优势种群区域：马、印、新种群区域，菲律宾种群区域。

过渡种群区域——泰国种群区域介于二、三类之间。

十二、最后还有拟沉香种群区域：以马、印、新区域为主，斯里兰卡、印度南部、老挝也有分布。

按照上述种群区域划分的等级排序，我们对每个区域内的各个沉香产地逐个进行介绍。

中国种群区域

中国种群区域内的绝对优势沉香植物种群为白木香，主要分布于广东、广西、海南、云南、福建南部，以及目前尚存争议的四川南部地区和一个很重要但却常被忽略的香港地区。关于四川南部出产沉香的记载零星散见于一些史料中，但至少我们目前尚未见过实物。近年来有学者论证“一骑红尘妃子笑”中说到的荔枝应该来自四川境内而非福建。而川南的泸州等地也确有荔枝、龙眼等亚热带水果产出。参照这个情况，川南山林之中也许真有某些区域的自然条件适宜沉香生长也未可知。另外，前些年中央电视台也确曾有过川南城市宜宾大规模人工种植沉香林的报道。不知道这么多年过去了，这些沉香树的结香情况如何，有机会倒是可以去实地考察一下，也好给史料中相关记载的真实性提供一份旁证。另外，还有一种属于大戟科海漆属，名叫“云南土沉香”的树，在我国四川、云南、台湾等省份有分布。之前已经说过，大戟科植物也能产生带有香味的物质，但有毒，不属于沉香之列。因为历史记载比较模糊，不知道史料中的四川沉香会不会是大戟科所出，也尚需进一步考证。

东莞。广东省境内的沉香产区里，知名度最高的当数东莞。究其原因，首先东莞有很长的产香历史。对此，坊间有两种说法：一是认为早在东汉时期就已有当地出产沉香的记载；二是认为唐代时沉香树由国外传入，至宋代，广东各地已普遍种植。其中以“莞邑”种的最多，质量最好。结合相关史料以及植物学对白木香种沉香树为中国本土物种的认定，唐代广东境内沉香树由国外传入之说应不符合历史事实。

其次，东莞所产沉香品质上乘。东莞因气候温和，既有海上吹来的咸风，又有珠江口吹来的淡风，咸淡空气混合回旋，所以出产香品质量极佳，其香味层次丰富，初闻清越，中调甜凉，尾香馥郁持久，且燃烧时烟少、飘远性强。莞香中最高品质者名为牙香，凿自多年开采的老香树，富有油质。经香农精心地剔凿后，形如马牙，如手指大小。在古代，牙香因其小而香，被一些香农之女偷藏怀中，以换取脂粉绸布。她们每从怀中拿出牙香时，则香气满堂，久之，亦称牙香为女儿香。广东籍著名史学家林天蔚教授更是在其所著《宋代香药贸易史稿》中，不无自豪地夸赞其为“人焚一片，则盈屋香雾，越三日不散”。唐代时沉香就已成为东莞最负盛名的皇家贡品，明代以后莞香地位达到巅峰，“京师之人，无不以为天下第一香”（明代东莞《鸡翅岭村汤氏族谱》）。据称当时莞香甚是贵重，有“一两白银一两香”的说法。

另外，东莞自古就是国产沉香销往北方中原地区最大的贸易集散中心。宋末元初时期，随着越来越多的香农将不同等级的沉香运来东莞贩售，东莞的香市便逐步兴起。到明朝，东莞已初步形成收购、加工、交易一条龙的完整产业链。明万历年间，东莞香市林立，其中尤以寮步镇牙香街最为繁盛，它与广州的花市、罗浮的药市、合浦（今属广西）的珠市并称“广东四大市”。据《广东史志》记载：“当莞香盛时，岁售逾数万金。”沉香也一度成为东莞对外贸易的重要商品。

清雍正年间，莞香开始逐渐衰落。此后200余年里，莞香树在东莞已难觅踪影。其时，在大岭山一带，仅少数人家家中还种植有零散几株莞香树。早在康熙年间，广东著名学者屈大均就在《广东新语》中写道：“莞香，以金钗脑所产为良。其香种至十年已绝佳，虽白木，与生结同。他所产者在昔以马蹄冈，今则以金桔岭为第一，次则近南仙村、鸡翅岭、白石岭、梅林、百花洞、牛眠、石乡诸处，至劣者乌泥坑。然金桔岭岁出精香仅数斤，某家家精香多寡，人皆知之。马蹄冈久已无香，其香皆新种，无坚老者。”可以想见，从清代初年开始，东莞的沉香资源就已经逐步走向了枯竭。到了民国初年，寮步香市已门可罗雀，后来更是名存实亡。1949年前后，莞香遭乱砍滥伐，致使东莞曾经满山披绿的盛况不再，莞香树濒临绝迹。直至21世纪初，随着沉香热在国内的不断升温，沉香价格也在短短数年间飙升近70倍，东莞沉香乃至整个广东地区的沉香产业又逢生机。据统计，东莞在莞香鼎盛时期育有莞香成树6,000万株，年产莞香1,200吨。但是由于长期乱砍滥伐，除大岭山、清溪、寮步镇一带的个别村落有极少数量外，野生莞香树近乎灭绝，现有莞香树以人工种植为主，粗略统计在150万株左右。

中山。熟悉沉香历史的人都知道，东莞边上的另一个城市曾经也是广东沉香的核心产区，它就是与东莞隔珠江相望的中山市。中山市境内的五桂山曾是远近闻名的沉香产区。中山宋代以前属东莞辖地，南宋时单立为县。现在的地名“中山”是因此地为孙中山先生的故乡而得。从唐代在此设立香山兵镇开始，一千多年的时间里，它都叫香山。明代嘉靖年间编的《香山县志》曾对香山之名的来历做了注释：“旧《志》云，以地宜香木得名。”可知香山得名于隋唐时代之前，是因产沉香而得名的。民间曾有“香山产香，东莞卖”的说法，一来说明中山的确是重要的沉香产地，二来也是东莞自古为广东地区沉香贸易集散中心的佐证。

香港。南粤之地另外一个和沉香有着不解之缘的城市就是香港。在多数人的印象之中，香港是充满了繁华与喧嚣的现代大都会，却少有人知道，香港之所以叫“香港”，和沉香有着直接的关联。

首先，香港是中国重要的沉香产区之一。香港北部的新界地区还有一部分处于原始森林状态山林，多有沉香树林分布其中。香港和海南同属于海岛气候，纬度相近，沉香树种群

广东沉香

广东沉香细部

和沉香的结油环境与条件大致相同。过去十多年里，时不时就有不法分子南下偷香的新闻传出。据说，最早的时候，这些偷香贼一夜之间可以横扫好几座山头，偷到香后就连夜离港，行动精准而迅速。鉴于沉香已经被列为世界二级濒危植物和国家二级保护植物，近年来香港特区政府出台了一系列法律，用以严厉打击和制裁偷香行为。尽管现在偷香行为一经查实最高可判处六年的监禁，但仍然偶有胆大妄为之徒以身试法。香港沉香大料很少，多为碎小的“壳子”料。但其气味清香、甜美雅致，是非常不错的品香料。香港沉香与海南沉香之间通常以气味的清扬甘甜和浓郁带咸来区别。

其次，香港位于珠江三角洲南部，背靠大陆，南临太平洋，具有独到的地理优势，是连接亚太地区与世界众多贸易港口的交通枢纽。明代中期以后，广东地区商品经济发达，外销的沉香多数先运到九龙的尖沙头（今香港尖沙咀），通过专供运香的码头，用小船运到石排湾（今香港仔）集中，再用大船运往广州，远销南洋以及阿拉伯国家等地。由于莞香堆放在码头，香飘满堂，尖沙咀古称“香埠头”，石排湾这个转运香料的港口也就以香为名，以港为字，被称为“香港”，其后又延伸到整个地区总称为香港。

从地图上看，东莞在北，居珠江左岸；中山居中，在珠江右岸；香港在南，居珠江口外，南海之滨。三地地脉相连，同一水系，构成了南粤“沉香黄金三角”。曾几何时，南粤之地和南海琼岛所产的沉香经由东莞销往北方中原地区，经由香港下南洋，到中东，甚至达欧洲腹地。

粤东、粤西。除上述几地外，粤西的湛江、茂名等地，粤东的惠东、惠阳等地，都是传统的沉香产区。以香材品质论，粤西的沉香树，只吹咸风（海风），少有淡风，所产之香，味偏甘甜而带燥；粤东的沉香树，因地理位置偏北，气候偏冷，所产之香偏辣。而近年来广东茂名在政策的扶持下，沉香种植业蓬勃发展。仅2021年一年，茂名沉香种植核心区域的电白区所培育的沉香树苗就有1,500万株之多，是国内目前最大的沉香种植基地。

海南。海南岛自南往北横跨热带和亚热带交接处，受热带岛屿季风性气候主导，且常年雨量充沛，极利于沉香树生长。海南建省前一年编纂完成的岭南中药材百科全书《广东中药志》中记载：“我省在几百年前已成为土沉香的重要产地，尤以当时海南产的‘黎峒香’中的‘东峒香’、东莞（中山）一带产的‘女儿香’品质最优，驰名遐迩。”它将海南沉香与东莞沉香同视为国产沉香中品质最佳者。

在海南省博物馆，有一个名为“误入仙境——琼崖历史风俗巡礼”的主题展厅。展厅以

清代《琼黎风俗图 采香图》
现藏海南省博物馆

绘制于清代中晚期的《琼黎风俗图》作为蓝本，以数字化手段还原黎族先民的生活、生产、交易场景。该画册共为15幅册页，分别介绍了岛上的黎族民居、对歌择偶、纳聘迎娶、聚会宴饮、渔猎、耕种、采香、纺织、交易等生产或生活场景。

其中的《采香图》即为黎人采香的鲜活描述：图中一名坐在石头上着有上衣的抽烟男子，应为采香组织者；其他三人，或援攀树上砍香，或以斧头敲树干听香，或坐卧歇息。在图的左边还配有一段题文，由题文不难看出，采香是一项非常艰辛但又充满神秘色彩的工作。

> 沉水香，孕结古树腹中，生深山之内，或隐或现，其灵异不可测，似不欲为人知者。识香者名为香仔，数十为群，构巢于山谷间，相率祈祷山神，分行采购，犯虎豹，触蛇虺，殆所不免。及获香树，其在根在干在枝，外不能见。香仔以斧敲其根而听之，即知其结于何处，破树而取焉。其诀不可得而传，又若天生此种，不使香之终于埋没也。然树必百年而始结，又百年而始成，虽天地不爱其宝，而取之无尽，亦生之不易穷。香之难得有由然也。

白话译文：沉香是生在深山老林里的古树内部的。有的树里有，有的树里却没有。到底哪些树会结香，哪些树不会结香，这个只有老天爷知道，凡人是闹不明白的。有本事找到沉香的人被称作“香仔”。他们进山都是几十个人一群，在山林里安营扎寨很长时间。采香前先要祭祀山神，然后才开始采香。在山里遇到豺狼虎豹、毒蛇毒虫那是家常便饭。发现沉香树以后，沉香到底是结在树根、树干还是树枝，从外面那是看不见的。但香仔有办法，他们用斧子敲击树根，根据树根发出的不同的声响，就能知道香结在哪里，然后砍树取香。这里面的诀窍是学不会的，有些人似乎天生就有这个本事，大概是上天为了不让沉香埋没山林吧。只有百年以上的沉香树才能结香，再过百来年才能结成，可见沉香的珍贵难得。正因为天地不吝啬它所孕育的宝物，才有沉香的取之不尽，生之不穷。

南朝人祖冲之在《述异记》中记载的“香洲在朱崖郡，洲中出异香，往往不知名，千年松香闻十里，亦谓之十里香也”，可看作海南岛产沉香的最早记录。宋仁宗时期的宰相丁谓被贬海南岛后撰写的《天香传》，篇幅虽短，但确实是第一部关于海南沉香的专著，第一次完整地介绍了海南沉香的品类、等级以及开采等情况。海南沉香也因此名满天下，海南岛更是一度获得了“香岛”之称。

到北宋末年，海南沉香就已经跃居天下贸易类沉香之首。北宋末年，奸相蔡京之子蔡绦在他的《铁围山丛谈》中就说：“香出占城者不若真腊，真腊不若海南黎峒，黎峒又以万安黎母东峒者冠绝天下，谓之海南沉一片万钱，海北高、化诸州皆栈香耳。”蔡绦说的“黎峒”就是黎人所居之山的意思。从地图上看，这个“黎峒”就包括了黎母山和五指山两大山系。海南岛上的沉香树均为白木香树种，白木香树最适宜生长在北纬19—20度的热带地区，而黎母山、五指山两大山系正好处在北纬19度线上。再加上常年雨量丰沛，两地成为绝佳的产香区域。两大山系中的六百多座大大小小的山头都有上好的沉香出产，其中以五大山峰最为出名，分别是：尖峰岭、黎母岭（黎母山系主峰）、五指山（五指山山系主峰之一）、霸王岭、鹦哥岭。

概括而言，海南沉香的香味特点就是甘甜、清香、雅正，甜得非常纯净，丝毫不腻，层次感很强，而且香味持久，久煎不焦，余韵悠长。有些海南沉香带有的花香，味道非常清雅；有些则带有令人愉悦的果香与蜜香，味道清甜而讨喜。其香即所谓清雅纯正，鲜活灵动，甘甜透澈，远引笃厚，于凉甜中浸润着丝丝花香，在淑雅中游离着袅袅清氛。

最后我们节录丁谓《天香传》中着重讲述海南沉香品类、特点的章节，以便大家对海南沉香有一个更加深刻的了解。

素闻海南出香至多，始命市之于闾里间，十无一有假。板官裴鹗者，唐宰相晋公中令之裔孙也，土地所宜悉究本末，且曰：‘琼管之地，黎母山酋之，四部境域，皆枕山麓，香多出此山，甲于天下。然取之有时，售之有主，盖黎人皆力耕治业，不以采香专利。闽越海贾，惟以余杭船即香市，每岁冬季，黎峒待此船至，方入山寻采，州人役而贾贩，尽归船商，故非时不有也。

白话译文：一直听说海南这个地方出产的沉香特别多，最初就是在田间地头的农户之间互相交易，基本没有假货。有个叫裴鹗的官员，是唐代名相裴度的后代，他对海南的土产风貌了如指掌。他说："黎母山坐落在海南，四面的平原都围绕着这个山，大多数沉香就出在这座山里，品质也堪称天下第一。但是采沉香有特定时间，买家也基本是固定的，大概是因为海南的黎族人主业是种地，采香只不过是副业。闽越商人只把沉香装在驶往江南的商船上，去那里贩卖。每年冬天，当地人等商船来了，才进山采摘香料，然后全部卖给他们，所以要是来的时机不对，想买都买不着。

香之类有四：曰沉、曰栈、曰生结、曰黄熟。其为状也，十有二，沉香得其八焉。曰乌文格，土人以木之格，其沉香如乌文木之色而泽，更取其坚格，是美之至也；曰黄蜡，其表如蜡，少刮削之，鬒紫相半，乌文格之次也；曰牛目与角及蹄，曰雉头、洎髀、若骨，此沉香之状。土人别曰：牛眼、牛角、牛蹄、鸡头、鸡腿、鸡骨。曰昆仑梅格，栈香也，似梅树也，黄黑相半而稍坚，土人以此比栈香也。曰虫镂，凡曰虫镂其香尤佳，盖香兼黄熟，虫蛀及蛇攻，腐朽尽去，菁英独存香也。曰伞竹格，黄熟香也。如竹，色黄白而带黑，有似栈也。曰茅叶，有似茅叶至轻，有入水而沉者，得沉香之余气也，然之至佳，土人以其非坚实，抑之为黄熟也。曰鹧鸪斑，色驳杂如鹧鸪羽也，生结香者，栈香未成沉者有之，黄熟未成栈者有之。

白话译文：海南的沉香有四个品类：沉香，栈香，生结香，黄熟香。它们按照形状分为十二种，这里面沉香占了大半。一种叫乌文格，当地人把含油脂比较高的沉香木叫作"格"，这种沉香颜色就像是乌木，质地非常坚硬，特别好看。一种叫黄蜡，这种香表面像是蜡，稍微刮削就露出黑色和紫色参差的质地，次于乌文格。还有三种分别叫"牛目""牛角""牛蹄"，另外还有"雉头""洎髀""若骨"，这些都是形容沉香的形状。当地人称为：牛眼、牛角、牛蹄、鸡头、鸡腿、鸡骨。一种叫"昆仑梅格"，属于栈香，像梅树一样，这种香黑黄相半且稍有点儿硬，所以当地人也把它当成栈香。还有一种叫"虫镂"，凡是叫虫镂的香都品质很高，大概是黄熟香被蛇虫蛀咬后，木头腐朽，留下的精华结成的香。还有一种"伞竹格"，就是黄熟香，颜色像是竹子，黄白里面透着黑，有的看上去像是栈香。一种叫"茅叶"，有的像茅草叶子特别轻，也有沉水的，烧起来特别好闻，当地人却因

海南沉香 1

海南沉香 1 细部

海南沉香 2

海南沉香 2 细部

为它不够厚实，降格为黄熟香。还有一种叫“鹧鸪斑”，花纹斑驳像是鹧鸪的羽毛，属于生结香，多半是栈香里面品质较好却还没达到沉香级别的，以及黄熟香里面没有达到栈香级别的香。

凡四名十二状，皆出一本，树体如白杨、叶如冬青而小。肤表也，标末也。质轻而散，理疏以粗，曰黄熟。黄熟之中，黑色坚劲者，曰栈香，栈香之名相传甚远，即未知其旨，惟沉水为状也，骨肉颖脱，芒角锐利，无大小、无厚薄，掌握之有金玉之重，切磋之有犀角之劲，纵分断琐碎而气脉滋益，用之与臬块者等。鹗云：香不欲大，围尺以上虑有水病，若筋以上者，中含两孔以下，浮水即不沉矣。又曰，或有附于柏梼，隐于曲枝，蛰藏深根，或抱真木本，或挺然结实，混然成形。嵌如穴谷，屹若归云，如矫首龙，如峨冠凤，如麟植趾，如鸿餟翮，如曲肱，如骈指。但文彩致密，光彩射人，斤斧之迹，一无所及，置器以验，如石投水，此宝香也，千百一而已矣。夫如是，自非一气粹和之凝结，百神祥异之含育，则何以群木之中，独禀灵气，首出庶物，得奉高天也？

白话译文：这四个品级，十二种形状的香材都出于同一种沉香树，这种树树干像是白杨，叶子像是冬青的叶子，但略小一点。那些质地轻并且松散、纹理不细密的，算是黄熟香级别。黄熟香之中，黑色坚硬的就是栈香级别。栈香的叫法由来已久，但却不知道为什么叫栈香。沉水香的形态是木质全部朽坏，断面锋利，不论大小厚薄，掂起来手感很沉，用刀切，感觉像是切犀牛角，竖着劈开就碎了，但是气味浓郁。那位叫裴鹗的人说：“香材不能要特别大，大到过尺，就容易遇到假货，如达到一定重量，中间却只有一个孔洞，就容易浮在水上不沉。”他还说：“香料有的依附于枯树桩，隐藏在弯曲的树枝或者埋藏在根部，有的和木质抱合在一起，有的独自挺拔，有各种形状。有的像很深的山谷洞穴，有的像是行云一样高耸，有的像龙，有的像凤，有的像麒麟的脚趾，有的像是鸿雁的羽毛，有的像弯曲的上臂，有的像并列的手指。如果沉香质地坚硬色泽油润，刀斧都砍不动，扔到容器里立刻就沉水，就是非常珍贵的宝贝，千百块里面才能找出来一块。这要不是集天地灵气形成的，怎么会成为所有植物所产之物中最具灵气的神物，而用来敬奉上苍呢？”

占城所产栈、沉至多，彼方贸迁，或入番禺，或入大食。贵重沉栈香与黄金同价。乡耆云：比岁有大食番舶，为飓所逆，寓此属邑，首领以富有，自大肆筵设席，极其夸诧。州人私相顾曰：以赀较胜，诚不敌矣，然视其炉烟蓊郁不举，干而轻，瘠而焦，非妙也。遂以海北岸者，即席而焚之，其烟杳杳，若引东溟，浓腴湒湒，如练凝漆，芳馨之气，特久益佳。大舶之徒，由是披靡。

白话译文：占城地区出产栈香和沉香特别多，那里的贸易往来，有的卖到大陆的番禺地区，或者卖到西域的大食国。在西域，沉香和栈香都非常珍贵，跟黄金一个价。有个老乡讲过一个事情：“最近几年有西方国家的商船，被飓风延误，寄居在这里。船长炫富，整天大摆筵席请人吃饭，非常奢侈。当地人偷偷跑去看了，回来说：‘他们确实比咱们有钱。但是他们烧的香，烟浓郁却不轻灵，香材油脂含有量不高而且很轻，一烧就焦了，远远不如我们当地的沉香。’于是，我们就把我们当地海岛北岸生产的沉香烧给他们看，烟气轻灵直上云霄，香味芬芳持久，韵味悠长。从此他们就再也不臭显摆了。”

生结香者，取不候其成，非自然者也。生结沉香，与栈香等。生结栈香，品与黄熟等。生结黄熟，品之下也。色泽浮虚，而肌质散缓，然之辛烈少和气，久则溃败，速用之即佳。若沉栈成香，则永无朽腐矣。

雷、化、高、窦亦中国出香之地，比海南者，优劣不侔甚矣。既所禀不同，而售者多，故取者速也。是黄熟不待其成栈，栈不待其成沉，盖取利者，戕贼之也。非如琼管皆深峒，黎人非时不妄翦伐，故树无夭折之患，得必皆异香。曰熟香、曰脱落香，皆是自然成者。余杭市香之家，有万筋黄熟者，得真栈百筋则为稀矣；百筋真栈，得上等沉香数十筋，亦为难矣。

白话译文：生结香是指沉香木还没有成香的时候就采香，那不是自然形成的。生结沉水香的品质与栈香等同，生结栈香的品质与黄熟香等同，生结黄熟则比黄熟香品质更低，色泽浮于表面，质地松软，燃烧后的气味也比较辛烈，缺少温和的气息，放置久了味道会消散，采来以后马上用还行。沉水香和栈香就没有这个问题，永远不会坏。

雷州、化州、高州、窦州也是出产香的地方，但是相比较海南的香，品质差了很多。不过香的品质虽然比较一般，但是市场需求量大，所以开采得很多。黄熟香等不到成为栈香，栈香等不到成为沉香，就都被开采了，为了获利，根本不考虑所谓的可持续发展。不像海南沉香都在深山老林里，而且黎族人如果不是采香的季节绝对不会乱砍滥伐，所以沉香树没有夭折的危险。只要采来的必定是好香。熟香、脱落香都是自然成香。江南买香的大户，万斤黄熟香中能选出来一百斤栈香就很不错了；百斤栈香里面要是想选出来十斤沉水的香，也是很难得的。

丁谓《天香传》海南沉香“四名十二状”表

类别	四名	十二状 （实际是十四状）	品类特征
一	沉香	乌文格	乌文格，土人以木之格，其沉香如乌文木之色而泽，更取其坚格，是美之至也。
		黄蜡	黄蜡，其表如蜡，少刮削之，黳紫相半，乌文格之次也。
		牛目（牛眼）	牛目与角及蹄，曰雉头、洎髀、若骨，此沉香之状。土人别曰：牛眼、牛角、牛蹄、鸡头、鸡腿、鸡骨。
		牛角	
		牛蹄	
		雉头（鸡头）	
		洎髀（鸡腿）	
		若骨（鸡骨）	
二	栈香	昆仑梅格	昆仑梅格，栈香也，似梅树也，黄黑相半而稍坚，土人以此比栈香也。
		虫镂	凡曰虫镂其香尤佳，盖香兼黄熟，虫蛀及蛇攻，腐朽尽去，菁英独存香也。
		鹧鸪斑	鹧鸪斑，色驳杂如鹧鸪羽也。
三	黄熟	伞竹格	如竹，色黄白而带黑，有似栈也。
		茅叶	有似茅叶至轻，有入水而沉者，得沉香之余气也，然之至佳，土人以其非坚实，抑之为黄熟也。
四	生结	生结香	1. 栈香未成沉者有之，黄熟未成栈者有之。 2. 生结香者，取不候其成，非自然者也。
			生结沉香，与栈香等。
			生结栈香，品与黄熟等。
			生结黄熟，品之下也。色泽浮虚，而肌质散缓，然之辛烈少和气，久则溃败，速用之即佳。

广西。公元前214年，秦王朝征服百越，在岭南设置桂林郡、南海郡和象郡。今广西大部分地区均属于桂林郡和象郡，广西的简称“桂”即由此而来。从地图上看，广西东连广东，合称两广；南临北部湾并与海南隔海相望，西与云南毗邻，东北接湖南，西北靠贵州省，西南与越南接壤。

广西地区早在1000年以前就产沉香，其境内的沉香树都是白木香树种，主要分布在陆川、崇左、北流、博白、浦北、灵山、合浦、防城、防城港十万大山等地。所产沉香外观色泽呈灰褐色间咖啡色，实心沉水老料已不多见。现今市场多以虫漏和人工打孔香为主，气味特征接近广东信宜和高州的沉香，清闻香气很淡，明火烤薰则会清香扑鼻，木香味带微甜味，尾香有辛辣的感觉，品质相对一般。

南宋范成大在《桂海虞衡志》中记载：“光香与栈香同品，出海北及交趾，亦聚于钦州。”他将“海北”（广西部分及粤西地区）和交趾的光香与海南岛所出的栈香列为同等品。古时由于广西这一地带和交趾地区所产沉香聚于钦州进行交易，因此后者也被统称为钦香。

五代末年北宋初年人陶谷著的《清异录》中记载有一个“沉香甑”的故事就和广西沉香有关。说是从前有个商人，到了一个叫林邑的地方，大约就是现在的广西和越南一带。商人借住在本地的一对老夫妻家里。每天吃饭的时候，商人总是闻到一股特别奇异的香味充满了整个房子，商人百思不得其解。有一次，他偶然看到老夫妻蒸饭用的甑（一种蒸饭用的木桶），这才恍然大悟，原来这甑居然是用一整块大大的沉香掏空做成的，无怪乎能发出这么奇妙的香气。

另外，历史上有一些用“广西土沉香”作为建筑材料建造宫室的零星记载。这个所谓的“广西土沉香”是柏科圆柏属或樟科所产的带有香味的木头，不是沉香，现在也偶有人以此冒充沉香。

云南。1985年，云南沉香树种被正式列入瑞香科沉香属植物分类，别名“外弦顺”，在中国境内主要分布于云南的西双版纳、普洱、德宏和临沧等地。云南沉香树种的生长环境为高温、多雨、湿润的热带和亚热带，地处海拔1,500米以下的山地雨林、半常绿季雨林、丘陵及路边阳处疏林中，经常与壳斗科植物、龙脑香科树、坡垒、异翅香及散生竹等植物混生。

云南沉香树在中缅（缅甸）、中越（越南）和中老（老挝）边境的山林中也有分布。以前越南和缅甸经常有不法分子，偷偷跨越边境过来偷香，然后再当作惠安系列的沉香出售。现在真正的野生云南沉香也极度稀少了，多以人工种植沉香为主。云南沉香气味浓烈，香醇持久，香韵恬静而带凉韵，气息时而缥缈，难以捕捉，时而又有醉人的淡雅花香萦绕鼻尖，时而又让人能感觉到幸福的甜味，层次非常丰富而富有变化。虽然其香气的爆发力不如海南沉香和香港沉香，但是那种静谧轻盈的感觉会让人有身心放松的美好体验。云南沉香由于地理位置和越南、老挝、缅甸接壤的缘故，香韵中有时候还能感觉出一些惠安系列沉香的韵

印度沉香

味，需要仔细分辨。

与广西一样，云南也有一种名叫“云南土沉香”的香料，为大戟科海漆属植物的树脂，有毒，不属于沉香。

印缅种群区域

该区域被誉为最神秘的大产区，其中包括了印度、孟加拉国、不丹、尼泊尔（传统上认为其产沉香，从地理环境上看也应该产沉香，但是业界一直没有该地具体的出产数据）、缅甸北部地区。说其神秘，是因为95%以上的印度和缅甸沉香均被中东少数地区和国家“包圆”，其他国家和地区的藏家手里极少拥有，以至于大众知晓度并不高。印度的沉香产区阿萨姆地区与尼泊尔、不丹的沉香产区同属一个林区，所产沉香虽然量不多，但是质量上乘，是中东王室的最爱，一有产出即被中东王室贵族全部收购。所以，市场上上乘印度料很难见到。而孟加拉国的沉香早在20世纪70年代就已枯竭，近20年来该国大力发展沉香人工种植产业，但基本上都是用以提炼沉香精油供给欧洲大牌化妆品企业。近几年来，国内市场上流通的所谓印度沉香，主要就是孟加拉国的人工种植香。其品质不高，以至于很多人就此得出印度沉香品质低下、价格便宜的错误结论。而不丹、尼泊尔沉香在国际沉香市场上更是见所未见、闻所未闻。究其原因，主要是不丹、尼泊尔境内的沉香林均被列为皇家禁区，但凡有偷采盗伐者，一律按死罪论处。且两国历来都将沉香林视为圣地予以保护。所以至今全世界范围内基本上都无法找到真正的不丹和尼泊尔沉香香材。

至于印度南面斯里兰卡所产的沉香实则是拟沉香属植物所出，且产量不多，多为小料，近年来也近乎绝产，故而世人也是所知甚少。

印度。印度的沉香因其独有的特色与品质的优越，深受世界各地好香人的喜爱。印度野生沉香产于印度接近缅甸、尼泊尔之处，存世极少，香味极高贵且有穿透力，是罕见的在生闻、煎香、烧香三种状态下都非常圆满的沉香材料，中东贵族们都称其为“天下第一香”，沙特圣地麦加的中心克尔白的天房24小时都烧着印度沉香，以表示众人的敬意。印度沉香是最适宜品饮的，让人唇齿留香，是古时印度皇室的专享。但目前野生香早已断产，人工种植沉香成为当地一项重要产业。

特别值得一提的是印度所产的棋楠。其外表木质呈淡金色，华贵无比，内含丰富艳丽的玫瑰红色油脂，入口有温润的苦麻感，并且有香气串流。它用于煎香时，则是所有棋楠中香气最特别的。它的味道辨识度非常高，极其雍容华贵，如香中皇后，让人有母仪天下之感。

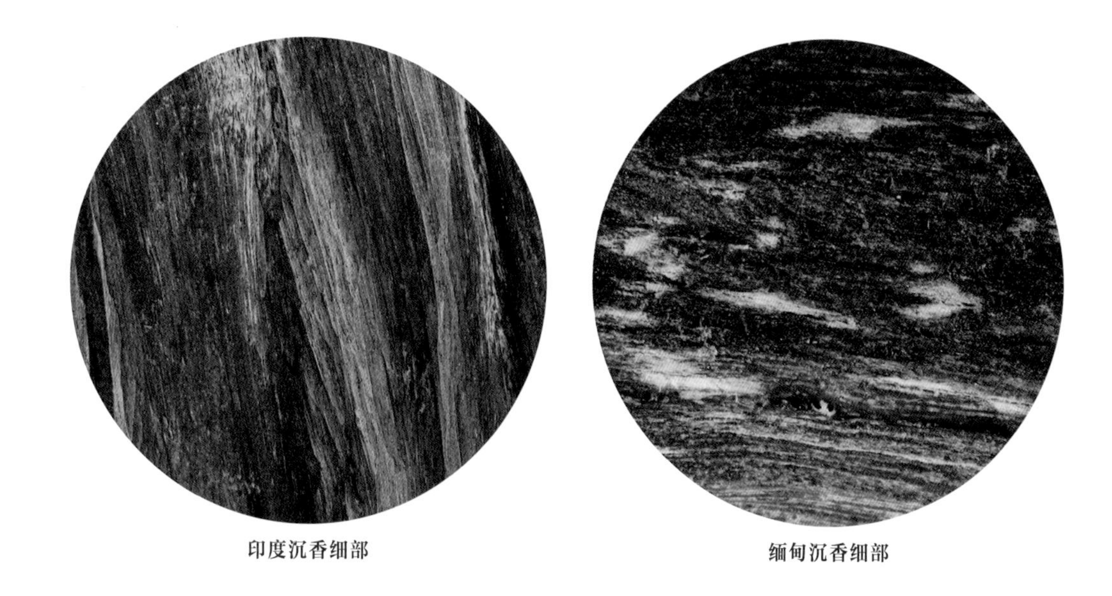

印度沉香细部

缅甸沉香细部

印度棋楠存世量极其稀少，其中大部分收藏在中东王室贵族手中。

缅甸。缅甸沉香味道也类似印度沉香，有很大的穿透力和高贵感，虽然力量小很多，且表面结油状态略有不同，但也很受中东及印度富贵人家所喜爱。20多年前尚有缅甸沉香在国际上交易，而现在国际市场上缅甸沉香已非常少见。

据缅甸的采香人介绍，缅甸沉香的奇特之处在于虫漏结香的过程。一种特别的沉香虫死后，会在沉香木中化为一种被采香人称为木丝的东西，沉香树的油脂就会凝结于木丝的周围。天长日久，树脂和木丝不断融合，最终沉香虫的痕迹化于无形，树脂的辛辣味和虫子本身的腥味也消失不见，变化出特殊的清香气味。而当地人认为，沉香虫化作木丝结香的过程与佛教中“舍身供佛”的壮举相似，所以也将这种虫漏沉香视为向佛致以最高礼敬的神圣供物。

缅甸沉香

越柬老种群区域

该种群区域沉香香韵的最大特点就是甜、凉兼具，且丰富细腻有层次感，还带有果香、花香、奶香、果仁香。其香味钻鼻，扩散性和穿透力都很强，虽然雄勇霸道，但却毫无刺激感。

论起大名鼎鼎，可能再没有哪一个产地比越南更出名了。在大部分人的概念中，越南和沉香产地几乎是画等号的。前些年，越南芽庄的旅游一度比较热门，很多人也会在当地装修得金碧辉煌，且有荷枪实弹的保安看守的沉香店里购买沉香珠子、沉香雕件等作为旅游纪念品带回国内。不过绝大多数人买回来的都不是野生沉香，其原因可想而知。沉香是国际二级濒危物种，越南的野生沉香没有合法手续是不准出口的，而中国这边没有合法手续，野生沉香也是不准进口的。游客能买到的幸好是假货，如果是真沉香的话，就算越南海关能放行，中国海关也得没收。严重点，携带者还得承担刑事责任。

越南的沉香多产于那里的中部山区，中国历史上记载的“占城”差不多就是这一地带。厚叶沉香树种因为气味甜香容易遭到虫蚁啃咬，所以自然结香率比较高。围绕越南沉香产量大、棋楠比例高这一现象，坊间还一直有这么一个传说。据说越南战争时期，美军在越南丛林中投放大量的燃烧弹等武器，使得丛林中成片的长势良好的沉香树遭到不同程度的焚毁和损伤（这种情况和现在人工结香技术中的钻孔、火烧等手段差不多）。这才导致了越南丛林中的蜜香树发生了大量结香的现象。这个说法，听起来有一定道理，但究其真假到底如何无从考证，仅供大家聊作谈资。

从整体看来，该种区区域沉香中品质最高的通常出自越南。越南产的沉香气味甜美高雅，含少许似花非花之香味，有明显的天然凉感。越南沉香的开采历史悠久，且大多贩卖到中国，因此，甜凉兼备的气息成了我们印象里的沉香气味。虽然越南也地处中南半岛，但越南沉香不像老挝、柬埔寨的沉香看起来纹理分明，无论是生香还是熟香，基本上通体一色。

越南芽庄沉香细部

越南芽庄是一座位于越南中南部的沿海

越南芽庄沉香

城市，也是越南沉香最著名的产区。这里的沉香是惠安系列沉香的标杆产品，同时也是越南棋楠最著名的产区。

富森红土细部

芽庄沉香的主要特点就是拥有极强的甘甜韵味，不同于玫瑰、茉莉的肤浅花香，也不是檀木或楠木等乏味的单一香。芽庄沉香的甘甜香韵犹如刚刚切开的水果所散发的宜人清新的甘甜，同时还有一丝丝的凉意。芽庄沉香出香快，香韵久，那种清爽的凉意能够钻鼻入脑，使人舒畅振奋。

越南惠安。越南惠安是音译，我们在中文版越南地图上找不到“惠安”，只能在岘港市以南找到一个叫“会安”的沿海城市。惠安（会安）是越南中部广南省的一座古城，是一个沉香交易集散中心。当地的沉香贸易由越南政府控制，买卖都由官方行使，所以价格比其他地区要高些。

惠安沉香的香韵带凉，有清甜味，通透纯正，含有水果香或花香。香材以虫漏居多，呈碎片状，很脆，适合作熏料，不宜作雕材。

越南富森。富森，越南名为phuoc son，其正确的中文译名为福山，只不过中国大多数人习惯直接发音“富森”，久而久之就叫“富森”了。富森是越南广南省的一个县，矿产资源丰富。富森地处越南长山山脉南端，且这一地区的海拔高度在1,000—1,500米，地势相对较高，古时称为“安南山脉”。

现在越南沉香中，除棋楠外，以红土沉香的价格最贵。红土沉香出于红土区山林中，香材为红褐色。去除外面腐木后，木心为紫褐色，紧密坚实，甚难下刀。红土沉香的香气浓烈，甜中带有些许酸韵或辛感，又有些杏仁气味，层次十分丰富。

红土沉香又以富森的品质为佳，所以在很多人看来，富森红土就是极品红土沉香的代名词。由于久埋地下，香体炭化十分严重，所以富森红土沉香从表面上看十分不起眼。剥去腐朽的表层后，中心部分才是富含油脂的精华。经过长期的醇化后，富森红土在常温下香味并

富森红土

不十分明显，通常生闻时几乎嗅不到香味，只有在加热后，其味才会如井喷般瞬间爆发出来，且带有强劲的扩散性。

越南芽庄硬结红土细部

如今人们只知道富森红土稀有珍贵，但以前并非如此。很多人并不清楚红土沉香有一个有趣的历史沿革过程。现在所说的黄棋楠，实际上就是芽庄地区出产的芽庄红土。估计有一部分人对“芽庄红土”这个名词很陌生，其实早先的红土沉香指的就是芽庄红土，当时还没有富森红土这个概念。芽庄红土结香比较硬，上炉品闻时它的味道和棋楠的味道非常接近。现在一些沉香商人为了牟利，就把芽庄红土称作“黄棋楠”。从此沉香家族里少了“芽庄红土”，而棋楠家族里却多了一个“黄棋楠”。大概在四五十年前，从富森这个地方的土层里又挖到了大批沉香，因为这个土层的颜色偏红，于是便给这批沉香取名为“富森红土”。据说，1980年以前，在越南的土沉中，富森红土的产量是最多的。由于红土沉香碎料多、大料少、酸韵和辛辣感明显等缘故，世界上的最大宗沉香买家的中东客商在给沉香划分等级的时候，将红土沉香划到了7A—7B级别。当时国际上沉香交易的等级划分主要是6级12等，即从最高1A级到最低的6B级。也就是说红土沉香7A—7B的级别，相当于“等外品”的概念。因此其售价特别低廉。我国的台湾当时正处于“亚洲四小龙”时期，经济高速发展，涌现出一大批沉香收藏者。加之台湾制香艺人发现，在沉香线香中加入少量的红土沉香，可以大幅度提升线香的品质，于是便大量收购红土沉香，成为红土沉香的最大“庄家”。近几十年来，随着长年累月地不断挖掘采集，红土沉香的数量日益减少，如今早就改名为黄棋楠的芽庄红土已绝产，正产区的富森红土也难觅踪迹，市场上仅有一些不冠产区名的红土沉香在流通。高品质红土沉香的价格也是物以稀为贵，一路狂飙，成为除越南棋楠以外最贵的沉香品种，当然这里面也少不了那些“庄家”们的推波助澜。

越南大叻位于芽庄附近，是产量非常小的产区，有经典的惠安老味。这里所产沉香多为黑色油脂，纹理有节奏感，质地坚密，香韵优雅，味道甜美清越、富有层次，有一种类似法式点心的甜香，或是蜂蜜甜味，带凉意，还有少许接近星洲系列味道的草香。不过大叻沉香已经断产，现在市面上非常少见。

越南芽庄硬结红土

柬埔寨，古称高棉，位于中南半岛，北连老挝，西北与泰国接壤，东南与越南相邻，西南临海，其南部隔暹罗湾，与马来西亚遥遥相望。全境大致为盆地，三面山脉环绕，气候潮湿，属热带赤道国家。柬埔寨沉香以蜜香树为主，结香甘凉甜美，香韵极佳。其生结沉香外观和老挝生香有点像，但麻雀斑更大更明显，油脂丰富，多沉水料，是各地生香中最好也是最贵的。上品的柬埔寨沉香在醇厚的香韵中带有一丝上等胭脂或大马士革玫瑰般的香气，略低等级的则带有类似梅子、蜜饯般的酸甜果香。熏爇得当的话，柬埔寨沉香香味悠远，近闻也毫无熏人之气。用柬埔寨沉香所提炼出的沉香精油留香最为持久，其味道也特别符合中东地区贵族的嗅觉偏好。

说到柬埔寨沉香，就不得不单独提到菩萨省。它是柬埔寨西北部的一个省，省会是菩萨市。该省是柬埔寨沉香最有名的产区，所产的沉香被称为“菩萨沉香”。菩萨沉香中品质最优异者有棋楠韵味者，一些商家便称其为“菩萨棋楠”（注意，菩萨棋楠是沉香不是棋楠）。菩萨沉香很少有沉水料，故而习惯上只以香气的深浅来区别品质的高低。菩萨沉香的油脂丰美，呈琥珀色至黑褐色，香韵迷人。菩萨棋楠生闻有浓郁高雅之味，更有清桂甜韵。但入口苦麻，材质软硬适中。熏香时确有几分棋楠独有的韵味，不过持续时间不长，继而便转为沉香的味道。

柬埔寨沉香细部

柬埔寨沉香

柬埔寨菩萨沉香

柬埔寨菩萨沉香细部

老挝沉香

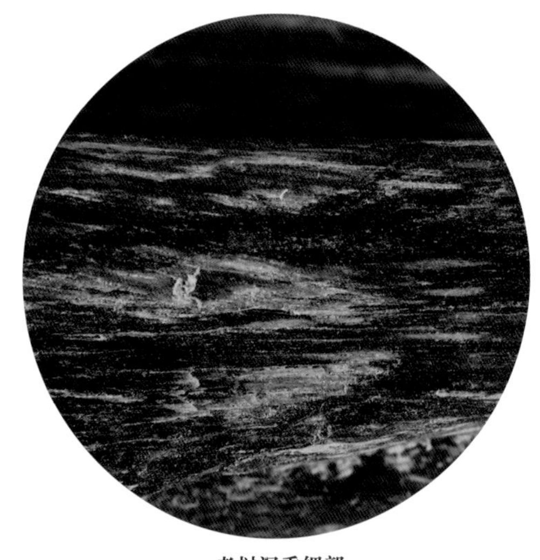

老挝沉香细部

老挝，古称寮国，传统沉香品种“寮香”的产地。目前老挝的野生沉香中，虫漏和碎片居多，主要用于熏香制药，能够用于雕刻的材料很少。老挝沉香相比越南沉香凉味更重，但甜味不足，故各有所长。老挝所产的高品质沉香油脂特多，呈结晶状，表面多棕黄色，缀满咖啡色或黑色雨点状斑纹，被戏称为“鹧鸪斑”。其纵切面可见到黑咖啡色的条状香脂腺。上等寮香油脂甚多，手掂压手，非常适合提取沉香油，尤为中东买家所钟情，国际等级为上等。

过渡种群区域

泰国，古称暹罗，早期为高级沉香的重要产地，但现今泰国所产之沉香都属于人工种植，气味辛辣且熏人，不适合制作香品。目前泰国所产沉香色系偏黄，油脂含量不高，品香等级和味道均不及越南与柬埔寨所产沉香，较不受收藏家的喜爱，大多拿来提取其沉香精油，用于熏香、按摩、调制香水等。

总的来说，越柬老种群区域和过渡种群区域内所有产区的沉香质量、香气、韵味基本属上乘。但在以往的国际沉香市场上，根据最大宗买家中东人的偏好，有一个约定俗成的从印度、缅甸、柬埔寨到越南、老挝、泰国的排序。几年来，随着部分地区沉香资源的急剧减少，以及中国大陆的沉香藏家递进为最大宗的买家，这一排序已很少有人提及。取而代之的是从香味、香韵角度对所有产区内高品质沉香的深入研究、辨别和追捧，这个也正是中国大陆沉香玩家与中东王公富豪玩香的最大区别。

马、印、新种群区域

该区域沉香产区主要包括印度尼西亚（加里曼丹、达拉干、苏门答腊、马泥涝、伊利安等），文莱，马来西亚，新加坡以及巴布亚新几内亚等国家和地区。这片区域地域广阔，大小海岛星罗棋布，不仅分布着许多传统的著名沉香产地，而且有许多不知名的产香岛屿。我们尽量把比较主要的产区罗列出来，并对其中几个比较重要的产区，多花一些笔墨予以介绍，以便让大家对庞大的星洲系列沉香家族有一个基本的了解。

马、印、新种群区域的主要沉香产区（产地），最西面的是印度尼西亚的苏门答腊岛。岛上比较著名的产区（产地）有西北部的亚济和中部的北干巴鲁。苏门答腊处于印尼产区最西边，所产沉香韵味较软，甜韵和爆发力不足，少有佳品。西北部的亚济所产沉香气味辛辣，带鱼腥味，生闻尚佳。目前亚济的沉香资源已接近枯竭。中部的北干巴鲁所产沉香原是岛上香韵和甜韵俱佳的上品，可惜早已砍伐殆尽，目前已经很难在市面上找到了。

苏门答腊往东是西马来西亚半岛。西马地区有着接近越南的纬度，因此在味道上近惠安系列沉香。所产沉香也是星洲沉香中的上品，味道香甜且带有花香，比东马沉香更加清扬，且具有更强的通透性。

西马产区向东就是东马来西亚产区。该产区位于世界第三大岛加里曼丹岛的北部。上好的东马沉香色泽黑亮，味道香甜，气韵甘醇无杂味，浓郁而不腻人。

印尼亚济沉香细部

印尼亚济沉香

东马产区所在的加里曼丹岛应该是该区域中被知晓度最高的产区了。即便是不太了解沉香的朋友，讲起沉香多半也能同时在脑海里蹦出三个地名：“海南”“越南”“加里曼丹”。加里曼丹是印尼沉香最大的产区，而加里曼丹沉香也是一个集合概念，包括了加里曼丹岛上许多小产区的沉香以及加里曼丹岛附近一些小岛上的沉香。总体而言，加里曼丹沉香香气非常浓郁，大部分香材具有类似肥皂味的产地特征。加里曼丹的沉水级香材油脂饱满，入水即沉，是用于雕刻把玩的上等材料。近几年随着沉香资源的日渐枯竭，其价格上升很快。

加里曼丹岛上还有四个著名的沉香产地，它们是文莱、马泥涝、达拉干和昆甸。

文莱是星洲系列沉香的著名产区，由于地理位置紧邻东马，因此一部分人将文莱沉香归入东马产区。文莱沉香，也称文莱软丝沉香，凉韵十分特别，与棋楠的凉韵有几分相似之处，也为文莱沉香博得了“文莱棋楠”的美名。

马泥涝产区位于加里曼丹岛东北角，纬度上与文莱接近。所产沉香带着惠安系列沉香的清甜韵味，加工成沉香珠子香气浓郁，是公认的上等艺术品材料。其表面会呈现出富于变化的美丽斑纹。

达拉干产区很小，因而出产的沉香数量也不多，但是这为数不多的产量中质量上乘的沉水沉香比重却很高，且常出现大块的香材。达拉干地区所产沉香的香味十分出众，不加热燃烧就能闻到浓郁的甜味、果香味和奶香味。同时，达拉干沉香带有星洲系列沉香中少有的清凉感。达拉干生香气息非常浓郁，是手珠、雕件的理想材料。

昆甸产区是加里曼丹产区中高品质沉香产地。所产沉香有着类似于棋楠的香气，入口苦、麻，但目前市场上极少见到。

加里曼丹岛继续向东过望加锡海峡，便是印度尼西亚的苏拉维西岛。这里也是星洲系列沉香的一个主要产区。苏拉维西沉香味道香甜，品质较好者有着近似惠安系列沉香的甜味，但产量较少，市面也很少见。

苏拉维西岛继续向东便是另一个马、印、新种群沉香的主要产区安汶。安汶岛亦名“安波那”，是印度尼西亚马鲁古群岛南部的一座小岛。安汶沉香的结油有类似蛇皮的纹路，弯曲细密。安汶沉香的凉味不足，味道总体与加里曼丹沉香类似，区别在于安汶沉香的草药味

加里曼丹沉香

加里曼丹沉香细部

文莱横纹沉香

文莱横纹沉香细部

文莱软丝沉香

文莱软丝沉香细部

印尼马泥涝沉香

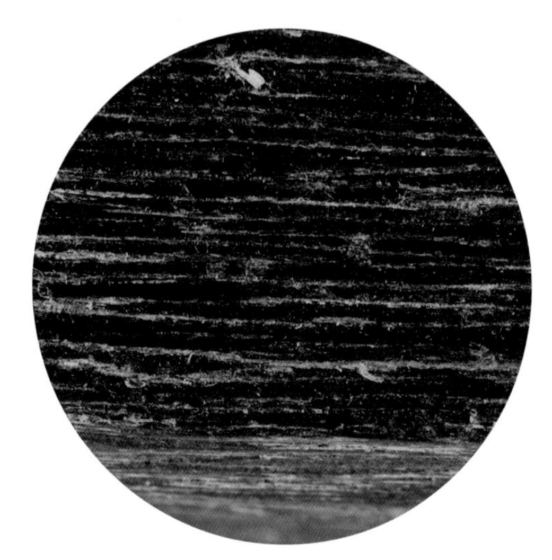

印尼马泥涝沉香细部

印尼达拉干沉香

印尼达拉干沉香细部

道更加清香，香味独特且淡雅。

安汶产区继续向东就是伊利安产区，即印度尼西亚的伊里安岛，一般叫“新几内亚岛”，是太平洋第一大岛。它西属印尼，是亚洲的一部分；东属巴布亚新几内亚，属于大洋洲。

伊利安沉香的土沉多以黄油出现，通体黄褐色，即使油脂部分也是呈现黄褐色。伊利安沉香的水沉颜色深沉，带灰黑色油脂，香味非常浓烈，多数沉水，不过品质一般。伊利安沉香的香味略带药味，香韵缺少变化，主要用以制作手串、摆件。

由于伊利安产区较大，所产沉香的香韵也呈多元特点。多数伊利安沉香香气都不错，常温下在药香、果香、肉桂香、豆蔻香中夹杂水草和土腥气息，还有的带有奶香。伊利安沉香熏闻时味道跟加里曼丹相近，奶韵甘甜，略带凉味及药香味。

伊利安产区中比较著名的产区（产地）有马老奇和加雅布拉。

在伊里安岛北部，香农们会把在这附近区域里各个小岛上收集到的沉香拿到索龙（Sorong）附近的一段海岸进行买卖。这段海岸当地土语的汉语音译叫作“马老奇”。于是这里就被称为了马老奇产区，在一些资料上这里也被称为索隆（索龙）产区。

因为水土接近，马老奇沉香和伊利安沉香在香味和颜色上都有着很多的相似之处，它们多数为土黄色、红棕色油脂。马老奇产区还分高山料和山下料，高山料较为坚硬，密度高，山下料较为酥软，密度较低。常温下的马老奇沉香有着十分浓郁的气味，大部分为药香、奶香的韵味，并伴有天然的凉性，可使人头脑清醒，心情放松。它熏闻时层次感强，前味凉中带药香，中味辛辣，末味甘甜蜜香。

加雅布拉是位于印尼伊利安岛北部的一座港口城市。看到“港口城市”这四个字，人们多半马上就会联想到这里也是所在区域内沉香的主要集散中心了。

加雅布拉沉香外观上与伊利安沉香差别不大，以浅棕色为主，有类似西瓜的清凉味，品质上比伊利安沉香略好一些。由于当地的鹰木香树生长在不同海拔的崇山峻岭上，孕育出的沉香常常有着钻透性很强的花香气，有的还会带有奶香、柚香、青草香等，香韵多元，具有丰富的层次感。

马老奇沉香

马老奇沉香细部

顺便说明一下，伊里安岛上属于印度尼西亚的部分，在行政区划上属于印度尼西亚的巴布亚省和西巴布亚省。所以伊利安沉香又叫巴布亚沉香。但是伊里安岛东部的大洋洲国家巴布亚新几内亚也产沉香。虽然从植物学上来说，巴布亚新几内亚境内是拟沉香属树种，但毕竟地理上与印尼的伊利安产区同属一岛。所以具体到某一块沉香究竟是印尼巴布亚的，还是巴布亚新几内亚的，除非采香者本人，否则估计是很难区分的。

无优势种群区域

菲律宾，古称吕松、苏碌等，历史上曾经也是沉香的产地。但是近代以来菲律宾的沉香产量一直很小。直到最近10年，菲律宾又再次成为一个新的沉香产区，菲律宾沉香的重要产区包括莱特岛和棉兰老岛等。由于树种多样，该产区的香味也大有不同，多数地区表现一般。唯莱特岛软结沉香质量极高，和马泥涝沉香香味接近，但香味持久不及。不过菲律宾产区虽然“新”，但是近5年来，其产量也在急剧下降中，而且大料已几乎不产，资源枯竭的趋势比较明显。

莱特岛沉香细部

莱特岛沉香

听　香

◎　科学鉴

◎　文化鉴

◎　真伪鉴

听香

科学鉴

这部分内容可能有些枯燥，但是如果花一些时间仔细并且反复地阅读几遍，尤其是对于沉香内含物质中那些极具特征性并使沉香具备了独特的香气和功效的化合物，能够尽量地做一些简单的了解，以便我们在沉香历史、沉香文化以及以经验为主的沉香品评之外，建立起对于沉香的必要的科学认知，从而能够从感性和理性两方面全面地了解这个“香药之王”的真实面貌。

沉香化学成分一直是相关领域学术界研究的热点。目前的研究主要集中在植物学、农学和药学等领域。已经明确的沉香的主要香味成分包括萜烯类化合物、色酮及其衍生物、芳香族类化合物以及脂肪酸类物质。其中属于萜烯类的倍半萜类化合物和属于色酮类的2-（2-苯乙基）色酮类化合物分别占总成分的52%和41%。据最新的统计，包括中国、日本以及东南亚多个国家在内的研究者已从白木香、马来沉香、棋楠沉香、丝沉香和柳叶拟沉香等树种所产的沉香中分离出182种倍半萜类化合物和240种2-（2-苯乙基）色酮类化合物。

萜烯类物质是从沉香中分离出的一组天然化合物，已经分离并鉴定出超过200种，包括萜烯烃类、醇类、酮类和醛类等。其中倍半萜烯和单萜烯类化合物是沉香香气成分中常见的特征物质，是沉香结香过程中重要的次生代谢产物，目前研究最多的是倍半萜类成分。

色酮及其衍生物是沉香专属的特征性成分，也是其主要生物活性成分之一，具有多种药理活性。目前已发现2-（2-苯乙基）色酮类和2-（2-苯乙基）色酮聚体类两大类。

芳香族类化合物是沉香的另一类特征成分，在沉香挥发油中所占比例较小。从香气物质分离鉴定出的芳香族类化合物主要有苄基丙酮、亚苄基丙酮、糠醛、香草醛和安息香醛等，这些具有挥发性的芳香物质对马来沉香、棋楠沉香和近全缘沉香等几种进口沉香品种香气的贡献率比较大，沉香所散发出来的花果香、杏仁味和甜味都归功于该类物质的存在。

此外，沉香成分中还残留有肉豆蔻酸、月桂酸、棕榈酸、硬脂酸和乙酸等脂肪酸类物质。

在上述内容的基础上，以下几点总结也十分重要。

1. 倍半萜类和2-（2-苯乙基）色酮类物质是沉香中有效成分中最重要的两大类物质，沉香的物质特征就来源于这两个大类。

2. 倍半萜类、2-（2-苯乙基）色酮类及芳香族化合物中的苄基丙酮与沉香的结香机制有关。在判断人工种植沉香的品质优劣时，这三类物质的参数是重要的判断依据。

3. 沉香所散发出来的花果香、杏仁味和甜味都归功于该类芳香族类化合物的存在。

4. 研究结果显示，不同品种的沉香以及不同产地所得的沉香中有效成分存在显著差异。例如，属于马来沉香种群的印尼沉香含芳香类物质多、倍半萜类物质少；白木香种群的海南沉香则含有较多的倍半萜类化合物成分；同属白木香种的广东沉香中的芳香类物质和倍半萜类物质含量比例接近进口沉香，但所含的2-（2-苯乙基）色酮类物质则高于印尼沉香与海南沉香。所以我们往往会发现同一品种的沉香，由于来自不同出产地，其内含的有效成分都存在较大的差异。要完全依靠现代设备来区分与确定某一批沉香中每一块沉香的品种与产地是一件十分困难的事。同样，完全用经验来进行判断也存在一定的误差。所以在沉香的鉴别和鉴定时，使用经验与技术相结合的方式，会更加有效可靠。

5. 尽管沉香成分复杂，但只有香气值大于1μL/L的挥发性成分才能被嗅觉器官感知。小于该数值的芳香物质哪怕再特别，也不会在感官上影响人们对沉香香气的判断。这也就是我们可以通过一定的经验积累，通过嗅觉直接对沉香进行等级鉴定与划分的原因。不同质量等级的沉香，其香气物质的香韵各异，一级或者特级沉香的色酮及其衍生物相对含量≥25%，其浓郁的香味具有极高的辨识度，甚至在较大范围的室内都能被人们嗅觉器官所感知，有经验的鉴定者很轻易地便能通过香味的差别识别出沉香的品质。

接下来分别用两张图表，对从国产沉香和进口沉香中分离出来的倍半萜类化合物进和2-（2-苯乙基）色酮类化合物进行整理和比较，便于大家更直观地发现国产沉香与进口沉香的主要成分中的不同之处。当然，上述内容难免有缺失或遗漏的现象。其次，随着相关技术的不断发展以及对于沉香有效成分研究的不断深入，新发现的化合物也必然会被补充进这两张对照表来。

国产沉香与进口沉香倍半萜类化合物对照表

国产沉香		进口沉香	
序号	化合物名称	序号	化合物名称
1	沉香螺旋醇	1	沉香螺旋醇
2	白木香酸	2	α-沉香呋喃
3	白木香醛	3	β-沉香呋喃
4	白木香醇	4	二氢沉香呋喃
5	去氢白木香醇	5	去甲沉香呋喃酮
6	异白木香醇	6	4-羟基二氢沉香呋喃
7	白木香呋喃酸	7	3,4-二羟基二氢沉香呋喃
8	β-沉香呋喃	8	沉香醇
9	白木香呋喃醇	9	前香草烷型倍半萜
10	白木香呋喃醛	10	桔树醇
11	二氢卡拉酮	11	沉香雅槛蓝醇
12	新紫蜂斗菜烯	12	桉叶油醇
13	表橐吾醚	13	白木香醛
14	环氧异愈创木烯	14	(+)卡拉酮
15	(-)-愈创木-1(10),11-二烯-15-酸	15	二氢卡拉酮
16	顺式-1,10-环氧愈创木-11-烯-2β-醇	16	新紫蜂斗菜烯
17	(-)-愈创木-1(10),11-二烯-15,2-内酯	17	(-)-3,11-芹子二烯-14-醛
18	(-)-2-羟基愈创木-1(10),11-二烯-15-酸	18	(-)-甲基-3,11-芹子二烯甲酸酯
19	11-愈创木二烯-15-醛	19	(-)-3,11-芹子二烯-9-酮
20	桔树醇	20	(+)-3,11-芹子二烯-9-醇
21	沉香雅槛蓝醇	21	(+)-4,11-芹子二烯-14-醛
22	愈创醇	22	(+)-甲基-4,11-芹子二烯-14-甲酸酯
23	苍术醇	23	9-羟基-4,11-蛇床二烯-14-甲酸酯
24	α-木香醇	24	11-愈创木二烯-15-醛

（续表）

国产沉香		进口沉香	
序号	化合物名称	序号	化合物名称
25	α－檀香醇	25	11－愈创木二烯－15－醇
26	α－桉叶油醇	26	11－愈创木二烯－15－酸
27	β－桉叶油醇	27	甲基愈创木酚－1(10),11－二烯－15－羧酸盐
28	绿花白千层醇	28	(－)－愈创木酚－1(10),11－二烯－9－酮
29	γ－蛇床烯	29	(+)－1,10－环氧－愈创木－11－烯
30	γ－古芸烯	30	1(10),11－愈创木二烯－15,2－甲酸酯
31	异香橙烯环氧化物	31	(+)－1,5－环氧－去甲－愈创酮－11－烯
32	朱栾倍半萜	32	(－)－香附二烯酮
33	石竹烯氧化物	33	去氢沉香雅槛蓝醇
34	圆柚酮	34	7a－H－9(10)－烯－11,12－环氧－8－艾里莫芬烷
35	绒白乳菇醛	35	7β－H－9(10)－烯－11,12－环氧－8－艾里莫芬烷
36	3,3,7－三甲基三环十一烷－8－酮	36	艾里莫芬烷－9,11－二烯－8－酮
37	长叶烯	37	沉香雅槛蓝醇
38	去甲长内酯	38	(rel)－4β,5β,7β－艾里莫芬－9－烯－12,8β－内酯
39	石竹烯醇Ⅱ	39	诺卡酮
40	藿草烯二环氧化物	40	11－羟基－朱栾－1(10)－烯－2－酮
41	可布酮	41	(7S,9S,10S)－(+)－9－羟基－4,11－芹子二烯－14－醛
42	马兜铃烯	42	螺癸－2(11),6－二烯－14－醛
43	(+)－香橙烯	43	(4R,5R,7R)－(10)－二甲基甲乙基螺癸－11－醇－2－酮
44	喇叭茶醇	44	15－羟基－12－氧代－α－芹子烯
45	(－)－阿魏酸龙脑酯	45	(+)－9β,10β－环氧－8－11(13)－艾里莫芬烯
46	顺式－7－羟基菖蒲烯	46	(+)－11－羟基朱栾－1(10),8－二烯－2－酮
47	3,11－芹子二烯－9,15－二醇	47	(+)－反式圆柚醇

（续表）

国产沉香		进口沉香	
序号	化合物名称	序号	化合物名称
48	α–布藜烯	48	(7β,8β,9β)–8,9–环氧艾里莫芬–10–酮
49	(5S,7S,9S,10S)–(+)–9–羟基–3,11–芹子二烯–12–醛	49	4–表–10–羟基丙酮
50	(5S,7S,9S,10S)–(–)–9–羟基–3,11–芹子二烯–14–醛	50	15–羟基菖蒲烯酮
51	(5S,7S,9S,10S)–(+)–9–羟基–eudesma–3,11(13)–二烯–12–甲基酯	51	4–表–15–羟基菖蒲烯酮
52	(7S,9S,10S)–(+)–9–羟基–4,11–芹子二烯–14–醛		
53	(7S,8R,10S)–(+)–8,12–二羟基–4,11–芹子二烯–14–醛		
54	(4αβ,7β,8aβ–3,4,4a,5,6,7,8,8a)–八氢–7–[1–(羟甲基)乙烯基]–4a–甲基萘–1–甲醛		
55	12,15–二氧代–α–芹子烯		
56	15–羟基–12–氧代–α–芹子烯		
57	桉烷–1β,5a,11–三醇		
58	(–)–7βH–桉烷–4a,11–二醇		
59	ent–4(15)–桉烷–1a,11二醇		
60	4–羟基白木香醇		
61	7β–H–9(10)–烯–11,12–环氧–8–艾里莫芬烷		
62	7a–H–9(10)–烯–11,12–环氧–8–艾里莫芬烷		
63	艾里莫芬烷–7(11),9–二烯–8–酮		

国产沉香与进口沉香2-(2-苯乙基)色酮类化合物对照表

国产沉香		进口沉香	
序号	化合物名称	序号	化合物名称
1	2-(2-苯乙基)色酮	1	2-(2-苯乙基)色酮
2	6-羟基-2-(2-苯乙基)色酮	2	6-羟基-2-(2-苯乙基)色酮
3	6-甲氧基-2-(2-苯乙基)色酮	3	6-甲氧基-2-(2-苯乙基)色酮
4	6,7-二甲氧基-2-(2-苯乙基)色酮	4	6,7-二甲氧基-2-(2-苯乙基)色酮
5	6-甲氧基-2-[2-(3-甲氧基苯)乙基1色酮	5	6-甲氧基-2-[2-(3-甲氧基苯)乙基]色酮
6	6-羟基-2-[2-(4'-甲氧基苯)乙基1色酮	6	6,7-二甲氧基-2-[2-(4'-甲氧基苯)乙基]色酮
7	6,7-二甲氧基-2-[2-(4'-甲氧基苯)乙基1色酮	7	5,8-二羟基-2-(2-苯乙基)色酮
8	5,8-二羟基-2-(2-苯乙基)色酮	8	6-甲氧基- 2-[2-(4'-甲氧基苯)乙基]色酮
9	5,8-二羟基-2-[2-(4'-甲氧基苯)乙基1色酮	9	2-[2-(4'-甲氧基苯)乙基]色酮
10	6-甲氧基-2-[2-(3-羟基-4-甲氧基苯基)乙基1色酮	10	异沉香四醇
11	5-羟基-6-甲氧基-2-[2-(3-羟基-4-甲氧基苯基)乙基1色酮	11	5a,6β,7a,8β-四乙酰氧基-2-[2-(4'-甲氧基苯)乙基]-5,6,7,8-四氢色酮
12	5,6-环氧-7β-羟基-8β-甲氧基-2-(2-苯乙基)色酮	12	5a,6β,7a,8β-四羟基-2-[2-(4'-甲氧基苯)乙基]-5,6,7,8-四氢色酮
13	rel-(laR,2R-3R-7bS)-1a,2-3,7b-四氢-2,3-二羟基-5-(2-苯乙基)-7H#环氧乙烷[HI1]苯并吡喃-7-酮	13	5a,6β,7a,8β-四羟基-2-[2-(2'-羟基苯)乙基]-5,6,7,8-四氢色酮

（续表）

国产沉香		进口沉香	
序号	化合物名称	序号	化合物名称
14	rel-(laR,2R,3R,7bS)-1a,2,3,7b-四氢-2,3-二羟基-5-[2-(4-甲氧基苯基)乙基1-7H-环氧[f][1]苯并吡喃-7-酮	14	(5S,6S,7R)-2-[2-(2'-乙酰氧基苯)乙基]-5a;6a,7a-三乙酰氧基-5,6,7,8-四氢色酮
15	5-羟基-6-甲氧基-2-[2-(4-甲氧基苯基)乙基1色酮	15	(5S,6S,7R,8R)-2-[2-(2-苯乙基)]-5e',6a,7e,8e'-三乙酰氧基-5,6,7,8-四氢色酮
16	6-甲氧基-2-[2-(4-甲氧基苯基)乙基]色酮	16	5a,6β,7β-三羟基-8a-甲氧基-2-(2-苯乙基)色酮
17	6-甲氧基-2-[2-(4-羟基苯基)乙基1色酮	17	5a,6β,7β,8a-四羟基-2-[2-(2'-羟基苯)乙基]-5,6,7,8-四氢色酮
18	oxidoagarochromone # A	18	(7'R)-7-羟基异沉香四醇
19	oxidoagarochromone # B	19	(7'S)-7-羟基异沉香四醇
20	6,8-二羟基-2-(2-苯乙基)色酮	20	(5S,6S,7R,8R)-2-2-(2-苯乙基)-6,7,8-三羟基-5,6,7,8-四氢-5-[2-(2-苯乙基)色酮-6-氧
21	(6S,7S,8S)-6,7,8-三羟基-2-(4-羟基-3-甲氧基苯基乙基)-5,6,7,8-四氢-4H-4-色酮	21	(5S,6R,7R,8S)-2-(2-苯乙基)-5,6,7-三羟基-5,6,7,8-四氢-8-[2-(2-苯乙基)-7-甲氧基色酮-6-氧]色酮
22	5,8-二羟基-2-(2-对甲氧基苯乙基)色酮	22	2,2-二(2-苯乙基)-8,6-二羟基-5,5'-双色酮
23	6,7-二甲氧基-2-(2-对甲氧基苯乙基)色酮	23	(5S,6R,7R,8S)-2-(2-苯乙基)-5,6,7-三羟基-5,6,7,8-四氢-8-[2-(2-苯乙基)色酮-6-氧]色酮
24	6-羟基-2-[2-(4羟基苯乙基)]色酮	24	(5S,6S,7S,8R)-2-(2-苯乙基)-6,7,8-三羟基-5,6,7,8-四氢-5-[2-(2-苯乙基)色酮-6-氧]色酮

（续表）

国产沉香		进口沉香	
序号	化合物名称	序号	化合物名称
25	5,6,7,8–四羟基–2–[2–(4/甲氧基苯乙基)]–5,6,7,8–四氢色酮	25	(5S,6S,7R,8S)–2–(2–苯乙基)–6,7,8–三羟基–5,6,7,8–四氢–5–[2–(2–苯乙基)–7–羟基色酮–6–氧]色酮
26	6–羟基–2–[2–(2'–羟基苯乙基)]色酮	26	8–氯–6–羟基–2–(2–苯乙基)–4–色酮
27	qinanones # G	27	8–氯–2–(2–苯基乙基)–5,6,7–三羟基–5,6,7,8–四氢色酮
28	2–[2–羟基–2–(4–羟基苯基)乙基]色酮	28	5–羟基2–[2–(4–甲氧基苯)乙烯基]色
29	2–[2–羟基–2–(4–甲氧基–亚苯基)乙基]色酮	29	5–羟基–6–甲氧基2–(2–苯乙基)色酮
30	二甲氧基–2–(2–苯乙基)色酮	30	5–羟基–6–甲氧基–2–[2–(4–甲氧基苯)乙基]色酮
31	8–羟基–2–(2–苯乙基)色酮		
32	(5R,6R,7S,8R)–2–苯乙基)–6,7,8–三羟基–5,6,7,8–四氢–5–[2–(2–苯乙基)色酮基–6–氧代]色酮		
33	6,8–二羟基–2–[2–(3'甲氧基–4'羟基苯乙基)]色原酮		
34	6–甲氧基–2–[2–(3–甲氧基4'–羟基苯乙基)]色原酮		
35	6–羟基–2–[2–(3–甲氧基–4.羟基苯乙基)]色原酮		
36	6,8–二羟基–2–(3–甲氧基–4'–羟基苯乙基)色原酮		
37	6–甲氧基–2–[2–(3'–甲氧基–4'–羟基苯乙基)]色原酮		
38	沉香四醇		
39	6–羟基–7–甲氧基–2–(2–苯乙基)色酮		

（续表）

国产沉香		进口沉香	
序号	化合物名称	序号	化合物名称
40	(5S;6R,7S,8R)-2-(2-苯乙基)-5,6,7,8-四氢色酮		
41	4'-羟基-2-(2-苯乙基)色酮		
42	6-甲氧基-2-苯乙基-4H-色酮		
43	6-羟基-7-甲氧基-2-[2-(4-甲氧基苯基)乙基]色酮		
44	6-羟基-2-[2-(3,4-二甲氧基苯基)乙基]色酮		
45	6,8-二羟基-2-12-(4-甲氧基苯基)乙基]色酮		
46	8-氯-6-羟基-2-[2-(3-甲氧基-4-羟基苯基)乙基]色酮		
47	甲氧基-6-羟基-2-[2-(3-甲氧基-4-羟基苯基)乙基]色酮		
48	(R)-6,7-二甲氧基-2-(2-羟基-2-苯乙基)色酮		
49	(S-6,7-二甲氧基-2-(2-羟基-2-苯乙基)色酮		
50	(6S,7S,8S)-6,7,8-三羟基-2-(4-羟基3-甲氧基苯乙基)-5,6,7,8-四氢-4H-4-色酮		
51	(6S,7S,8S)-6,7,8-三羟基-2-(3-羟基-4-甲氧基苯乙基)-5,6,7,8-四氢-4H-4-色酮		
52	7-羟基-6-甲氧基-2-12-(4-羟基-3-甲氧基-苯基)乙基]色酮		

从上面的对比表中我们可以总结出以下几点。

1. 被认为是沉香的四大标志性物质的“沉香四醇、异沉香四醇、沉香螺旋醇、沉香醇”，名字中虽然都有“醇”，但它们其实分别属于倍半萜类和2-（2-苯乙基）色酮类两种不同的化合物。

2. “沉香螺旋醇”和“沉香醇”是倍半萜类化合物。它们虽然同属一类，但却是两种完全不同的物质。简单来说，“沉香醇”是链状的平面结构，而“沉香螺旋醇”是由两个环状结构组成的一种三维结构，立体的结构显然要比平面的结构更具有活性。它们之间的关系，打个比方来说，就是同一个大家族里，两个关系不太远的堂兄弟，堂哥“沉香醇”外表朴素，性格沉稳，而堂弟“沉香螺旋醇”则时尚靓丽，性格外向热情。两者“性格”上的区别，我们也能从气味上感知出来：国产沉香沉中仅有“沉香螺旋醇”，所以其味道更加柔雅、轻灵；进口沉香中多了“沉香醇”的成分，所以多数时候，它的味道更加厚重、沉稳。

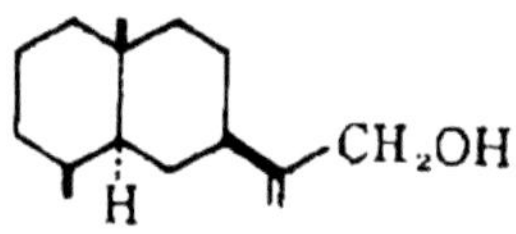

CH_2OH

H

沉香醇

沉香醇化学结构式

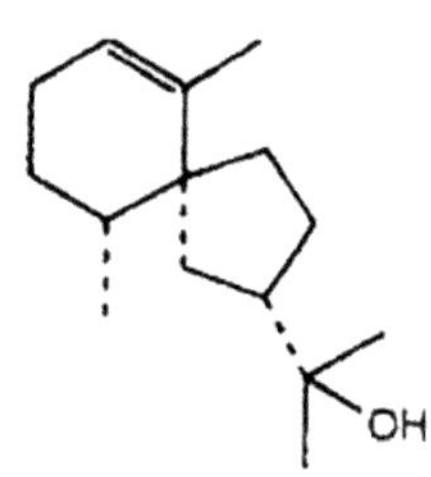

OH

沉香螺旋醇

沉香螺旋醇化学结构式

3. “沉香四醇”和“异沉香四醇”是2-（2-苯乙基）色酮类衍生物。如果不是画上圈，我们一定很难在短时间里面发现两者之间的不同之处。“沉香四醇”和“异沉香四醇”有着相同分子式的分子，各原子间的化学键也相同，唯一的差别就是原子的排列结构略有不同，化学术语叫作“同分异构体”。如果说“沉香醇”和“沉香螺旋醇”是堂兄弟，那么“沉香四醇”和“异沉香四醇”就是双胞胎兄弟，还是同卵双胞胎。但即便是双胞胎兄弟，它们之间在性状、作用等方面的差异还是很大的，这也是国产沉香和进口沉香气味差异的原因之一。

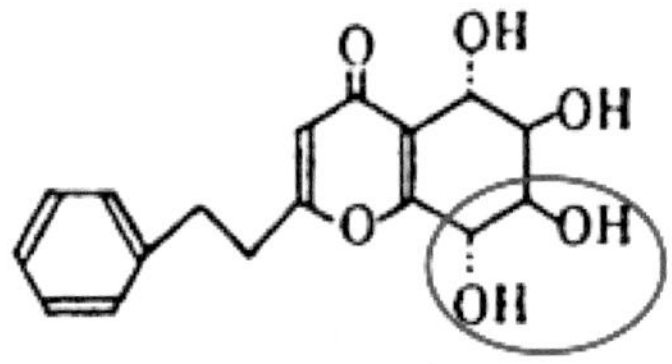

沉香四醇

沉香四醇化学结构式

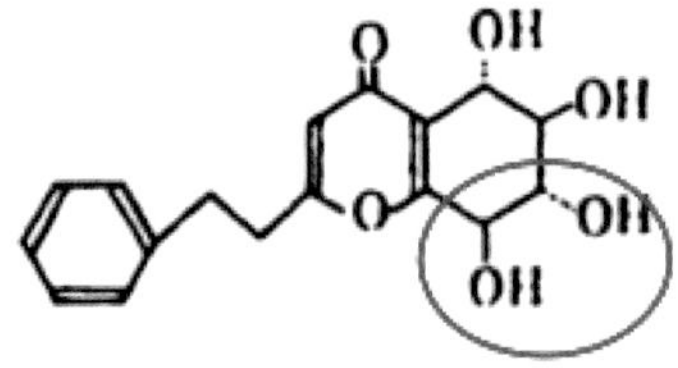

异沉香四醇

异沉香四醇化学结构式

4. 国产沉香与进口沉香都含有“沉香螺旋醇”，但是只有进口沉香含有“沉香醇”。

5. “沉香四醇”在国产沉香和进口沉香中均存在，“异沉香四醇”只在进口沉香中存在。

根据上述内容，我们可以进一步得出以下两个对于沉香鉴定十分重要的推论。

1. 是否含有“沉香螺旋醇”和“沉香四醇”是判断沉香真假的主要依据之一，且两者必须同时含有，缺一不可。

2. 是否含有“沉香醇”和“异沉香四醇”是区分国产沉香和进口沉香的特异性标志。两者均不含有的可判定为国产沉香，两者同时含有或含其一的可判定为进口沉香。

沉香的内含成分非常丰富，国内外的科研人员，经过几十年的不断努力，到目前为止还没有办法将其全部分析出来。在一定程度上，目前掌握的这些数据，只是对沉香做了一个相对粗糙和模糊的科学描述。很多沉香研究者，对于沉香的认知往往只是出于工作的需要，且所能接触到的沉香实物往往只是一份份的实验室样品。在这样的情况下，他们构建出来的描述对于沉香本身而言也许更接近于“盲人摸象”。笔者以为，科研工作者不妨多了解一些沉香的历史、文化等方面的知识与信息，在增强对沉香的整体性认知的同时，增加一些对于沉香的人文情怀。沉香业内人士在扎实练好传统经验鉴别能力的同时，也不妨多了解一些沉香科学研究的基础知识和科研动态。两者之间建立起有效的互动机制，互相学习，取长补短，这对我国保持沉香文化和沉香科研领域在全球的领先趋势应该是十分有益的。

文化鉴

从现代科技层面对沉香做了一番解析之后，让我们还是回到大家喜闻乐见的文化层面，来探究一下沉香历来都广受欢迎的原因吧。

一者，沉香之道，犹如人生之道。自古以来，那些文人雅士们总是把品沉香和品人生相提并论。很多人以为，是沉香独特而曼妙的香气，或是炉中悠然腾起并在净室里弥散徘徊后呈现出的类似仙境的烟气，吸引了这些学识深厚、灵魂有趣的人，让他们产生了离凡脱俗、超越生死的幻觉。很可惜，这也许是大多数现代人对古人，尤其是古代文人的一种浅薄的偏见与误会。所谓文雅，文者乃斯文之道，文脉传承。秉亘古一理诗书之道，赋诗以教俗，修文以启智，灯明事理，烛照人心；雅者乃坚守礼法，秉持理想。寸心布衣，胸怀天下，穷则独善，达而兼济。虽累累若丧家狗亦乐道不疲。这样的文人雅士，现实中必然要历经人间的种种不如意事，最终蓦然回首，无愧此生，方得淬炼出泯然无迹，平静豁达的心性。所以他们爱沉香，皆因沉香的造就之法与他们的人生经历、内心境界颇为相似。人与香皆秉天意而生，惺惺相惜使然。

二者，假香而悟，能得勘破与放下。一片沉香入手，见其形，知其贵，心有攀缘，便着其相。待入炉中，烟从香出，香随烟减，所贵之色，随烟而灭。再闻其香，初浓烈，继而弱，再而竭。心随香起，初愉悦，继执着，再遗憾。反观自心，足见世事不过芳馨烟尘一片，无物可执，实无可得，因缘聚散，心有缠绕耳。此为勘破。而闻香之时，香炉拿起，各种规矩，身心俱持；闻香过后，纵使重宝之炉，亦会放下，可见放下不难。

三者，以香为友，能得温、良、恭、俭之德。好沉香闻之使人心情愉悦，全身放松，自然神态温和，戾气全无。芳香皆有理气开窍之功，沉香为众香之首，调达身体气机，安神开窍的功效亦在众香之上。且沉香乃至阳之物，更有助于升起正念。故善用沉香者必为良人也。沉香集天地精华所生，历百年艰辛而成。人之于沉香当存敬意，思自然造化之神奇，念享此妙香之恩遇，此恭敬所由生也。用香之道既不在多也不再奢，在于意趣之精微，此俭德所有立也。

四者，沉香同秉五气，可助养吾浩然之气。一曰生气：天得之以清，地得之以宁，万物得之而生生不息。二曰灵气：沉香的香气不仅气象万千，而且鲜活无比，沉香的香气便是天地之灵性在流动。三曰正气：沉香香气圆融温润，中正平和，不媚不俗，不骄不躁，是为大中至正之气。四曰意气：沉香的香气不仅平和，而且有一种慷慨激昂、积极向上之气，可将昏沉靡颓之气一扫而空。五曰底气：沉香之气沉稳凝练，不跳脱，不张狂，有泰山独尊之端穆，也有中流砥柱之坚毅。

五者，沉香有五性十德，可助益寿养心，安身立命。五性者，清、洁、和、长、兴。清者，熏养人形神俱清；洁者，策励人品质高洁；和者，补益人脾胃安和，五脏润泽；长者，帮助人长养精神，益气生津；兴者，促进人提神醒脑，养生益智。香之十德者：久藏不巧，常用无障；多而不厌，寡而为足；静中成友，尘里偷闲；能除污秽，能觉睡眠；感格鬼神，清净心身。此一说为北宋黄山谷所言，一说为唐宋香家之言传之东瀛，复又回传华夏者。但不管究竟出处为何，这十德之于沉香实是的言确语，非香中高手不能成其言也。

真伪鉴

随着传统香文化的复兴，自2000年以来，沉香热潮持续升温，沉香的神奇功效也逐渐被越来越多的人所了解。除了涌现越来越多的沉香的拥趸外，更有越来越多的生物、医药、美容等相关行业的企业加入沉香深加工产品的研发与生产的行列。全社会对于沉香的需求量正在逐年快速扩大。虽然近几年来，国内的沉香种植产业在政府相关部门的大力推动下，形成了一定的规模，同时，在国内科研人员的努力下，我国的沉香种植技术也处在世界领先水平，但是毕竟产业起步较晚，从业者中也不乏急功近利心态，国内人工种植沉香的高品质率和品质稳定性等问题一直困扰着整个产业的发展，也使得人工种植沉香始终无法满足国内对高品质沉香的需求。目前我国近80%的沉香需求仍然需要依靠进口。而近20年来全世界野生沉香资源加速枯竭，国外人工种植沉香产业由于历史、技术和资金等限制，产出的沉香也始终无法完全替代野生沉香。这些导致了沉香市场上的供与求之间产生了巨大的剪刀差，以至于近年来国际沉香价格不断攀升。

另外一方面，沉香特殊的结香机理，导致沉香的形成不可避免地带有一定的偶然因素。因此即便是运用现代化生产和管理模式经营的沉香种植基地，也只能保证种苗的质量稳定以及沉香树植株的生长状态可控，对所结沉香的质量还是无法进行精准控制。而野生沉香的质量更是因为种群、出产地等多种因素的不同而呈现出极大的差异。因此市场上沉香的价格也是千差万别，便宜的只要几百元一千克，而贵的却要几千元一克，甚至几万元一克。不仅如此，从古到今，同等品质但不同产地的沉香价格也不相同。在巨大的供求差及高额利润的驱使下，做假的手段可谓层出不穷。曾经有媒体报道，在2007年，辽宁省大连市药品检验所做的一次针对沉香的抽样检查中，被抽验的多家医院及药店出售的沉香药材和抽检部门从药材市场上购得共计17批次的沉香样品，按照《中国药典》的相关鉴定标准进行鉴定，其结果显示绝大多数的沉香样品的质量均不合格。这是在中药领域沉香作假情况的一个典型案例。

而在沉香收藏领域，作假的现象可能更加普遍，其中的重灾区就是相当一部分的普通沉香爱好者通过各种渠道购买的“沉香”。就笔者十几年来参加过的不下百场的鉴定活动来说，假沉香的比例大概占了九成。其中一半是没有结香的“沉香木”，另一半是用各种其他材质假冒沉香。最近几年这个情况稍有改善，虽然普通爱好者手中的假沉香比例降低了不少，但用结香品质较低的人工沉香来冒充高品质野生沉香的现象还是非常普遍。而针对沉香业内人士或比较资深的沉香收藏者，高技术含量的造假技术正在不断涌现，作假手段的隐蔽性也在不断提升。诸如前些年曾经出现过的“长时间海底高压压缩”造假手段，就是将本来就属于半沉水品质的沉香作假成沉水品质的沉香。在深海高压环境中经过半年以上的长时间压缩后，香材在内部致密度大大提高的同时，内部的显微结构可以基本不改变，以至于一时间用经验鉴别法和显微结构观察、有效成分识别等技术鉴别手段都无法将之明确地甄别出来。笔者曾经遇到过一批数量不小、尺寸巨大、上手忒压手的“沉水级”沉香手串，外观、纹理、味道甚至是显微镜下油脂线和木质部分的结构都没毛病，但凭着几十年和沉香打交道的经验和直觉，总觉得这个压手感有点过于压手。事出反常必有妖，可具体是个什么“妖”却又一时间捉摸不透。由于谁都说不出毛病，价格又十分诱人，这批货很快便被几位大买家一扫而光。幸而不久以后，一次偶然的机会，从一位越南沉香商人那里知道了这个十分隐秘的作假方式。就在我们惊叹于作假者无所不用其极的同时，这批几乎可以以假乱真的沉香，应该也已经散落到全国各地的沉香爱好者手上去了。

一个无奈的现实是，沉香作假已经成为一个相当普遍的现象，且随着造假手段越来越高明，沉香造假俨然已经形成了一条具有相当规模的产业链。如今，如何鉴别沉香和如何评定沉香等级已受到国内外行业专家、学者、协会、企业家、收藏家、沉香爱好者，以及拍卖行的广泛关注，并成为行业内的研究热点。

传统的经验鉴别方法是通过表面的看、闻、摸、水试、火烧等方法鉴别。但是经验鉴定法，尤其是在沉香等级的评定方面，对于鉴定者本身的经验、见识、嗅觉甚至是直觉都有很高的要求。经验鉴定的高手成才率可以说是极其低的。而通过实验室进行的技术鉴定法，在很大程度上提高了沉香鉴定的精准度。同时主要依靠仪器的检测方式，使得检测人才的培养相对经验检测法而言要简单很多。但是，目前的技术检测方法，往往只针对某一类或某几种沉香的内涵物质，对于不同产区、不同品质沉香之间内涵物质存在巨大差异的现象，尚无法做到既灵活又全面地进行评价。而且制假技术也在日益提升，并有很可能针对公开的技术鉴定方法研究出相应的制假方法。随着世界沉香市场的不断升温，以假乱真、以次充好的现象可能会越来越严重，在这个极为混乱的市场条件下，单一地依靠传统的经验鉴别方法或技术方法不能有效地鉴别沉香的真伪，也无法真实地评价沉香的好坏。市场急需一套能够融合经验与技术的更综合、更科学、更有效、更快速的方法来准确判断沉香的真伪和品质。

说到鉴定方法，就不得不提及沉香的鉴定标准。到目前为止，沉香的国家级鉴定标准只有《中国药典》中关于中药材沉香的鉴定标准。较之更详尽、适用面更广的沉香鉴定标准只有诸如上海、福建、广东、海南等省市相关行业协会及部分相关企业发起制订的地方团体标准和企业标准。这些标准从各自的专业技术角度，对沉香的真假鉴定和等级评价做了较为细致的规定，但在全国或者全行业的层面尚未形成一致性的共识。

作为国家级的权威药材鉴别标准，《中国药典》从第一版开始就规定了沉香的鉴定标准。查阅相关史料，我们发现1953年第一版的《中国药典》中关于中药材的内容均来自《全国中草药汇编》。后者是由国家中医药管理部门组织编写的一本中国本土中药材名录。所以，1953年版《中国药典》中关于沉香部分只收录了名为“土沉香”的中国原生种沉香树——白木香树所结的沉香，并未收录进口沉香。（按：另一种中国原生种沉香——云南沉香因其被发现和确认于1980年代，所以也不可能被第一版《中国药典》收录。不过云南沉香在其被发现后的历次《中国药典》修订中，也均被排除在药用沉香来源之外。）而实际上，自古以来，中药材中进口沉香的使用量都大于国产沉香。有鉴于此，在1963年修订的第二版《中国药典》关于沉香药材的内容，收录了进口沉香——以印度沉香和马来沉香为主和国产沉香——以白木香为主的木材性状鉴别。为了与这一鉴定标准相适应，国家进出口相关主管部门还会同中医药和木材方面的专家，专门制定了进口沉香的相关鉴定标准，以便于中药材进出口单位的鉴定和评级。此标准在大部分省份的药监部门一直被作为与《中国药典》共同参考的鉴定标准使用至2010年左右。在1977年修订的第三版《中国药典》删去了进口沉香，只收录了国产白木香所产的沉香作为唯一的药用沉香来源，并在原先经验鉴别内容的基础上增加了显色鉴别和浸出物测定等鉴定要求。但是在8年后也就是1985年，修订的第四版《中国药典》仍未收录进口沉香，甚至连当时刚刚确定不久的中国原生种的云南沉香也未收录。在鉴定方法方面，第四版《中国药典》增加了显微鉴别的鉴定要求。从1985年版开始一直到最新2020年版的《中国药典》，均只收录了国产白木香所产的沉香作为唯一药用沉香的来源。但笔者从部分省市药监部门了解到，最晚至2010年前后，实际的中药材沉香鉴定和使用，仍然是进口沉香和国产沉香兼而有之的状态。在鉴定技术要求方面，2010年版《中国药典》增加了薄层色谱鉴别；2015年版《中国药典》增加了液相特征图谱分析，规定了六个共有峰的特征图谱，还增加了沉香四醇的含量测定标准。

不可否认，几十年来，《中国药典》确实为沉香的真伪及品质鉴定提供了不少相当有益的思路，但就沉香鉴定的全面性而言，目前仍然存在一些值得探讨和需要进一步完善的地方。

《中国药典》鉴别的目的是评价沉香是否可以入药，作为药材标准与作为收藏品或者其他用途的标准是有区别的。近年来，一些专业研究机构在出具不涉及药用的沉香鉴定报告以及沉香品质方面研究论文时，将《中国药典》中的标准作为唯一的评价标准，这样的做法是不够严谨的。笔者认为，要将收藏级沉香以及熏材类、制香类实用级沉香的鉴定和评价标准与药用沉香标准之间做一个明确的界定。例如可以将药用沉香的鉴定标准作为一个基准值。在这个基准值以上的即鉴定为沉香，在这个基准值以下的则不能称为沉香。这里要注意的是，在鉴定标准中应将未达到鉴定基准值的定名为类似"沉香木"等法定通用名，要求在流通领域里必须加以注明，与沉香之间建立有效区分，使消费者一目了然。

对于超过基准值的沉香，也应该明确药用级、实用级（熏香、制香）和收藏级的鉴定标准。笔者的个人观点是，收藏级沉香标准值应高于实用级沉香标准值（其中熏香级沉香标准值应高于制香级标准值），实用级沉香标准值应高于药用级沉香标准值。各级标准值之间可向下兼容，即收藏级沉香可以兼作实用级和药用级沉香使用，实用级沉香可以兼作药用级沉香使用，但不能兼作收藏级沉香使用，药用级沉香则只能作中药材使用不能向上兼作实用级和收藏级沉香使用。有些学者提出，对一些规格较大的雕件，讲究的是雕工的精细、雕件的活灵活现和雕件的寓意，对其油脂的含量没有硬性规定，不必要求沉香的乙醇提取物参照《中国药典》中大于10%的标准。笔者认为，这样的提法不可取。本来鉴定标准的制定和实行，最基础的一条原则，就是为了给认定沉香与非沉香画一条基准线。这种用低级别向上兼容的方式，其实是模糊了这条基准线，很容易造成混乱。类似这样的工艺品，完全可以称其为"沉香木"雕刻，将其归到普通木材雕刻大类中去，从而抛开其材质属性，专论其工艺即可。

为了增加沉香的油性和重量，添加香精香料、增塑剂、重金属等各种成分，也是常用的制假手段，且常见于以次充好的伪劣沉香中。但《中国药典》规定的薄层色谱鉴别法只是与标准药材的部分化学成分的显色情况进行对照，没有就沉香中的特征性成分进行鉴别。高效液相特征图谱分析只规定了六个特征性成分的鉴别，也没有涉及其他化学成分的鉴别。这就在很大程度上给了制假团伙或奸商可乘之机，因为只要保证被取样的沉香中的乙醇提取物大于10%且沉香四醇含量大于0.10%的标准，即便是使用一些技术手段添加各类添加剂，来增加沉香的重量，使其从不沉水变成半浮沉或沉水，也可以被鉴定为合格。这样的问题在沉香市场上十分常见，例如将体积较小的沉香碎料黏结成体积较大的沉香块，或将含油率较低的小块沉香用胶水粘在含油率较高的沉香块上，而这些沉香应该都能按照《中国药典》的标准被鉴定为合格。再比如，收藏级沉香珠串、雕件中经常出现的内部填充铁钉、铅珠、水泥等作假手法。因为沉香材料中空的现象极其普遍，能用来作大珠子或是大件艺术品雕件的材料只占万分之一。大部分沉香都存在不同形式，或大或小的空洞。这种作假手法的高明者，往往选择产地、品质、含油量都不错，本身价值也不低，但有空洞且空洞还不能太大，只能做成较小的珠子或小型雕刻件的材料。在做成大珠子或大雕件后，往空隙中加入比重大的填塞物；然后在开口处用同品质的小块沉香加胶水盖住，再经过细致打磨后，使其与整块沉香“浑然一体”。若不是知情人指点，或者在高倍放大镜下地毯式搜索，一般很难发现这块小小的“盖子”。而里面的填充物，如果不是用X光来透视的话，则更难被发现。但按照《中国药典》的检测方法，它却很有可能被判为合格。其实，类似胶水等添加成分，用化学鉴别法是很容易被检测出来的。只要规定，一旦在检测样本中检测出一定含量的添加成分，即可判为不合格，这一类造假现象就能得到有效遏制。而X光透视更是一种常规的检测手段，如果规定一定级别以上的沉香都要进行X光扫描，那么即便作假者的作假技术再高明，也会无所遁形。

经验鉴定法

经验鉴定法，又被称为感官鉴定法，是目前市场上最主要的沉香鉴定方法，一般分为“看、闻、摸、烧、尝”五种方法。

一看，即观察颜色和油脂线。先看沉香的颜色是否雷同，油脂线是否清晰。油脂线是沉香与其白木的最大区别，天然的东西不可能过于整齐划一，真的沉香内外都有明显的不均匀、不规则的油脂线，颜色随着油脂含量的增加而有所加深。即便是含油量很大的沉香，也会出现不均匀的油脂线和颜色，更不可能出现通体全黑的沉香。（按：笔者也曾经见过几块已经全部脂化的沉香，油线已经几乎看不见了，但即使如此也并非通体黢黑。不过这属于极其罕见的极品中的极品，不可以常理论之，更不能以之为参考。）如果是用未结香的白木，人为画出来的油脂线和纹路，往往会颜色雷同，且观感上有一种过于完美的人造感。如果是其他常见的用于做假的植物，一般都会有某种形式的纹路或花纹，但不会有明显的油脂线。而通过浸泡或者添加过其他成分制成的假沉香，通常“油脂”呈片状分布，且分布均匀，颜色一致。另外，用高温高压或压缩作假的沉香在显微镜下的木纹会表现出扭曲变形的状态，且油脂经过挤压，其表面会呈现抛面，而自然状态下的沉香油脂表面则是微微下凹的状态。

二闻，即闻其味。沉香的香味很特别，由于其致香成分丰富，而且变化较多，每件沉香的香味都各有特点，感觉味道是沿着丝状或线状的路径钻到鼻腔里去的。把沉香放在枕头旁边，在夜间放松的睡眠中，闻到的香气是一阵一阵，有间歇的。而且生闻时香味通常较淡雅却富有变化，既不会特别浓烈或刺鼻，也不会只有单一的甜味或凉味等缺乏层次感。如果是假货，那么其味道则是一直延续的，且味道单一，没有层次，更没有活力，非常呆板。

三摸，即摸其表面，体验其质感。质量较好的沉香表面看起来有层油，但即便是反复摩擦也不会脏手，手上更不会沾油。一些沉香，手捏有黏感。这时就要分清楚具体情况。一种是沉香不够干燥造成的湿润粘手感，这种情况主要出现在生结沉香中。第二种是沉香中的色酮类物质含量较高造成的粘手感。这种情况如果是野生沉香的话，一般发生在高结油的沉香中。但是这一情况在一些结油比例并不是很高的人工种植沉香中也会发生，这主要和人工结香的方式有关。那些看起来油脂丰富的假沉香用手反复触摸和摩擦的话，手上则会留下脏脏的印记和较长时间的油腻感。

四烧，即点燃沉香闻气味。如果经过上面三个步骤还没法辨别沉香真假的话，那么用明火直烧或用电熏香炉取其小片直接熏闻，即便不是特别有经验的人，也能比较容易地鉴别出沉香的真假来。真沉香点燃后发出穿透力很强的特殊香味，会扑鼻而来。其头香、本香和尾香通常变化较大，有皂香味、奶香味、蜜香味、薄荷香味、杉木香味、水果香味、花香味，包括辛味、药味等。香味有的淡雅清新，有的浓郁醇厚，有的猛烈持久，有的抑郁深邃，还有的委婉绵长，令人回味无穷，过鼻不忘。如果是沉香手串或雕件等，可以用小的金属物，例如针，烧红以后轻点沉香表面油脂较多处，出烟即可。这样既可闻香又不破坏物件。假沉香被烧后味道一般会很浓郁刺激，香味短促，且往往带有化学香精味或者是比较混浊的非沉香味，甚至还会产生令人不愉快的味道。即使是利用其他植物加入沉香提取物制造的“沉香”，其散发出来的气味通常也很杂，令人不适。

五尝，就是尝沉香的味道。沉香的味道是由其所含的化学成分所决定的，但并不是指沉香好吃不好吃，而是指沉香进入口腔后，形成的各种口感和对口腔的刺激。沉香的化学成分因产地和结香时间等条件的不同，变化较大，其入口味觉也不一样。沉香通常会有苦味，部分沉香入口会有凉味、蜜香味或花香味较重。而沉香中的棋楠通常会有辛辣味。

各国沉香的一些香味鉴定特点总结。

中国

我国的沉香产于两广、香港、云南及海南岛，香味生闻不显，煎香时，其香气浓郁，凉味较重，穿透力很强，且留香持久。其中海南沉香的香气清幽甜蜜，富有坚果香味，还带有辛麻之感；香港的沉香花香味较重，因香气像花朵散发出的清新香味而得名。

印度

印度沉香质地坚硬而多能沉水，油质密度高，色泽黄中透黑，花纹有卷曲状，生闻奇香四溢。野生的印度沉香，入口有温润的苦麻感，能感觉到强劲的香气在口腔中不停地窜流回旋。品闻时香气非常馥郁，其浓郁的花香、水果香、坚果香交织在一起，瞬间迸发，并伴随有特别醒脑的凉意；微微的辛味，使得香气在具有极强的冲击力和穿透力的同时，又透出了一种独特的高贵气息。人的身心很容易在印度沉香非常美妙的香气冲击下顿时安静下来。若非亲身经历，很难切实体会到印度沉香的惊人魅力。

越南

越南芽庄、福森、惠安的沉香香味有较大的差异。芽庄的沉香主要特点就是生闻香味不显，煎香时却拥有极强的甘甜韵味，这种甘甜的香味犹如新鲜的水果瓜瓤所散发的清新芳香，舒心怡人。大部分芽庄沉香香味的变化特点是头香有薄荷凉、微涩，本香甘甜，尾香淡雅。福森是红土沉香的著名产区，最好的福森红土沉在高温时（200 ℃以上）其味甘悠远、浓重，没有芽庄沉的那种凉意，甜味却更加浓重，这种甘甜的香味不是芽庄沉那种蜜甜香韵，而是比较浓厚的甘醇奶香，沁人心脾，也是红土沉独特的香韵。红土沉香的香味变化特点是头香苦涩、泛酸，本香甘甜，香韵浓重持久，尾香持久。惠安沉香以水沉香味最具特色，其香韵带着苦涩的凉意，有点像药草散发出来的味道，很耐人寻味；其甘甜味没有红土沉来得浓烈，但是很清新，甜甜的让人心生爱意。

马来西亚

马来沉香的香味生闻较浓。东马靠近文莱一带的沉香香味甘凉带甜，略有一点草药味；靠近印尼、加里曼丹一带的沉香，清香而芬芳，甘甜而悠长。靠近北部西马产区的沉香略带酸韵，味道浓郁，品之类似李子干的香韵；靠近南部西马产区的沉香略带花香气味，甘甜清凉。

印度尼西亚

印尼加里曼丹、安汶、苏门答腊产区的沉香香味都各有特色。加里曼丹沉香是生闻香味比较浓重的一种沉香，尤其是土沉。其香味层次变化极大，有惠安水沉的甘甜，又不乏独特的香韵，生闻的时候香味浓厚，略带凉气，加热后头香气韵甘甜，本香略带土辛味，尾香有浓厚的香草气息，猛烈持久。印尼安汶产区的水沉最大的特点就是香味中带着特有的沼泽地水草的香韵，清新高雅，闻之舒畅。安汶产区的部分极品沉香，其本香还带有稀有的龙涎香的香味，独特而又浓重，但这种沉香比较少见。其尾香留香持久深远，富有韵味，渲染力极强。苏门答腊沉香是典型的印尼沉香之代表，价格实惠易被大众接受，本香略带土腥味，淡雅清新。尾香则偏甘，醇香诱人，不会很腻，但留香不够持久。多数马来和印尼沉香在煎香时香味中会有辛味，反而不如越南沉香和中国沉香；但生闻香味浓郁，是做艺术品的佳材。

老挝

老挝沉香近年来很有名气。其香气独特，生闻不显，煎香时没有土腥味，没有水草味，也没有那种甘甜香韵，给人浓厚、端庄和稳重之感，仿佛置身于蓝天白云之下，但又有古色古香之韵，留香委婉绵长。

柬埔寨

柬埔寨沉香品质均匀，一般板沉较多，多数较薄。天然凉味，香味能远传，近闻也无熏人之感，所制作的沉香油色黑味浓。而菩萨地区的沉香特色明显，香气怡人，也是中东贵族追捧的上品香材。

泰国

味辛且熏人，不适合制作香品，通常用来提炼精油。目前，市场上泰国沉香流通较少。

缅甸

缅甸的虫漏沉香比较奇特，据采香者说采虫漏沉香必须找特定树木，再找沉香虫。虫漏，木化为木丝，其油脂凝结在木丝周围，有特殊的香味，无腥味也无虫的痕迹。

20世纪60年代至今，沉香的科学鉴别分析方法一直是国内外学者广泛关注的研究热点。沉香的科学鉴别方法根据所用的技术不同分为传统技术鉴别法和现代技术鉴别法。传统技术鉴定法主要包括显微鉴别、醇溶性提取物得率和显色反应、薄层色谱鉴别、紫外色谱鉴别、红外色谱鉴别等。现代技术鉴定方法主要包括气相色谱—质谱联用鉴别、高效液相色谱鉴别、高效液相色谱—质谱联用鉴别、实时飞行质谱鉴别等。

一、传统技术鉴别方法

显微鉴别法

显微鉴别，顾名思义就是用显微镜来观察沉香。这个时候，观察的自然就不是前面介绍过的经验鉴定法中的颜色、油脂线等“宏观”层面的东西了，而是观察沉香内部的组织结构和植物细胞等是不是符合植物生长的自然规律。例如，导管，也就是树木内部负责输送水和无机物营养的通道的形状是什么样子，直径有没有超过一定的范围；木纤维是什么样子的，直径有没有超过一定的范围；木间韧皮部，也就是树皮和中间木材之间的一层负责运送有机物营养成分的部分，是否内含棕色树脂等。而这一观察内容是区分沉香和其他一些假冒沉香木材的主要依据。

醇提取物鉴别法

醇提取物鉴别法，简单来说就是用一定的方法把2克沉香样品里面的油脂溶解到50毫升的乙醇，也就是酒精里。然后把这50毫升溶解有沉香油脂的酒精蒸干。最后称一下蒸干以后留下来的固体残留物的重量，就可以计算出沉香样品中醇溶性浸出物的含量。

在1977年版和1985年版《中国药典》中规定，沉香的醇溶性浸出物不得少于15%。而2010年版《中国药典》开始把醇溶性浸出物的标准降低为不得少于10%。但实际上，绝大部分伪品沉香醇溶性浸出物也能达到2010年版《中国药典》规定的指标，有的甚至超过了1977年版和1985年版《中国药典》的指标。

显色反应鉴别法

显色反应鉴别法就是按照醇提取物鉴别法制取沉香样品的醇溶性浸出物。然后将其浓缩成香气浓郁的黄褐色油状物，再在里面加上1滴盐酸和少量的香草醛颗粒和2滴酒精。如果其颜色变成樱桃红并慢慢变深，则意味着醇溶性浸出物中含有沉香的主要成分倍半萜类物质。不过假沉香中加入了沉香提取物或松香后也会出现与真沉香相同的变色效果。

另外还有针对沉香中主要特征物质倍半萜类物质和2-（2-苯乙基）色酮类物质的薄层色谱鉴别法、紫外分光光度法、红外光谱法等鉴别方法。

二、现代技术鉴别方法

沉香中最有价值的部分就是油脂中含有的大量易挥发性成分。针对这些易挥发性成分，研究人员开发出了气相色谱与质谱联用法来对沉香进行检测与评价。另外沉香中还有一类不易挥发的重要成分2-（2-苯乙基）色酮类物质，对此研究人员开发出了采用高效液相色谱法和高效液相色谱与质谱联用法来对沉香进行检测和评价。相比较传统的技术鉴别法，这些鉴别方法都需要用到非常专业的仪器设备，而且对操作者的专业性要求很高。

棋楠的鉴别

棋楠是沉香中最上等和最珍贵的品种。棋楠的经验鉴别方法，主要基于芳香气味和外观与普通沉香之间的区别。据古书记载，棋楠外表油润光滑，油性重，以指甲刻之，如锥划沙，油随即溢出，用刀刮削，能捻捏成丸、饼，并能散发出持久的幽香，味微苦麻辣，嚼之粘牙，燃之出油。

棋楠与普通沉香在外观、质地、气味、口感等方面都有很大差异。首先，棋楠质地不如普通沉香密实，普通沉香大都质地坚硬，上等沉香入水则沉；而很多上等棋楠，尤其是结油比例高的顶级棋楠，其高含量油脂反而降低了整体的密度，所以多会呈现半沉半浮的状态，且质地较为柔软，有黏韧性，削下的碎片搓之能成卷，揉捏能成团。

其次，棋楠的油脂含量一般高于普通沉香，香气也更为甘甜、浓郁。普通沉香中的油脂线往往聚在一起。结油率高的沉香有时还会出现油脂线连成一片，不甚分明的现象。而棋楠的油脂线则是历历分明。

再次，除了个别品种、个别产区或油脂含量特别高的沉香，多数普通沉香在生闻时的香味并不大。而棋楠则不同，绝大部分棋楠生闻时也能闻到清凉香甜的气息。熏香时，普通沉香香味比较稳定，头香、本香、尾香的香气更多的是浓度差别，变化并不十分明显。而且普通沉香头香、本香、尾香三个阶段依次出现一次以后，不会再重复出现。而棋楠的香味则变幻莫测，除了头香、本香和尾香有较为明显的变化外，这三个阶段还会重复循环出现，品质越高的棋楠重复循环的次数越多。

最后，棋楠入口后具备香、软、麻、凉、黏等丰富的口感，而普通沉香则偶有淡麻、凉口感，远不如棋楠的口感丰富和记忆深刻。

沉香的鉴别

目前，市场上较为常见的假冒伪劣沉香主要有以下七类。

一、用沉香树未结香的木材，即通常所说的沉香木，或者油脂含量非常低的不合格沉香，冒充沉香。

以这种方式仿冒的沉香珠串较多，价格一般在几十到几百不等。基本特征是重量非常轻，有时一条直径0.6—0.8厘米的十八子手串，可以轻到拿在手里基本感觉不到分量。表面有颜色很浅的花纹，或偶尔有一两条颜色较深的花纹。这些花纹基本上都是高速打磨时，高温磨具在木头表面留下的焦煳痕迹。新入手时，生闻会有很淡很淡的清香味；过一段时间后，则味道全部消失。一个有趣的现象是，在其味道消失后，不少人会出于“捡漏心态”而产生一种“意念香”，总觉得在某个瞬间，珠串还是在散发香味的。如果把这些珠串烧一下或用烧红的针点一下，散发出来的可能就只有木头的焦煳味了。近几年又有升级把磨具换成一块结油还不错的人工沉香，这样在高速旋转打磨的“加持”下，人工沉香上的油脂就会覆盖到木珠的表面。这种珠子，表面看起来和普通品质的真沉香珠子十分接近。而且因为表面确实附着了一层沉香油脂，新买来的时候，生闻还真有较为浓郁的沉香香气，一般的消费者很难区分真假。这种仿冒方式在中药材沉香中更普遍也更直接，甚至连表面抛光的环节都省去了，其价格还在1—15元/克之间。如果这样的沉香入药的话，药效之差就可想而知了。

沉香木抛光手串

香樟木珠子

二、用其他含有树脂的木材或外观像沉香的木材来冒充沉香。常见的伪品有如下几种。

香樟木：因为沉香中的有效物质“沉香醇”又被叫作“芳樟醇”，在樟树中也存在，所以制假者会将浸水多年腐朽后的樟木经过再加工来冒充沉香。其特征是质量较轻，木纹比较疏松，虽然闻起来也有淡淡的香气，但香气单调，且有腐木气。注意，不论什么结香方式形成的沉香，哪怕是土沉、水沉都没有腐木气。

苦槛蓝木：这种木材外表褐色至深褐色，表面有深浅相间的纹理或凹槽，木质纹理较细。颇具迷惑性的是，它生闻和燃烧时都能散发香味，但都较沉香香气要弱，而且香味差别大。

降香木：此降香并非另一种名贵香材降真香，也不是另一种名贵木材黄花梨（降香黄檀）。降香木属于硬木，所以质地坚硬。虽然一些品种的沉香也比较坚硬，但都达不到硬木的级别。其表面颜色为紫红色、深棕紫色或红褐色，有光泽和纵向生长的长线纹。烧之香气浓烈，有黑烟并有油流出，烧完部分留有白灰。沉香的燃烧基本上是出青烟而不会有黑烟，且燃烧完的灰是深灰色或黑灰色。

苦檔蓝木

降香木

檀香

檀香：檀香本身也是重要的香料，是传统的四大名香之一，在合香里的重要性仅次于沉香。不同产地出产的檀香之间存在较大的品质差异。一般来说，檀香外表面为棕黄色、灰黄色或灰褐色，也有一些所谓阴沉木檀香外表面呈黑棕色。檀香的纵纹十分细密，多数檀香有疤节。它刀劈削后光滑平坦，刀削部位呈棕黄色。檀香香气强烈，手握檀香可染香气，与沉香香气差别极大。

马尾松：表面为深黄褐色、微红，纹理较细，含有树脂，硬度中等。且松木本身具有特殊的芳香气味。但因为松香味比较容易辨别，所以制假者往往会再添加一些具有奶甜味的香精，或者在表面涂上一些暗红色，经过做旧处理后假冒古董沉香甚至棋楠，具有一定的迷惑性。

硬木类：印尼和越南产的硬木类，因其花纹较多，与沉香油脂的颜色有相似之处，常被称作“花奇楠”，当地叫鳄鱼木或虎斑木。这些木材表面光滑，颜色金黄，多数带有明显甚至是夸张的纹路。燃烧时没有香甜味，气味使人不舒服。但因其花纹好看，价格颇低，曾经也是销量很大的假沉香品类，但近几年这一类的假沉香已逐渐减少。另外，瑞香科沉香族植物中也有一种学名为鹰木香树的植物，其偶尔也能产出品质较低的沉香，但多数时候并不结香，也经常被称为“花奇楠”“鳄鱼木”等，用来冒充沉香。

竹类：越南产的一种竹类植物孟宗竹，常用于制造假沉香。外观色泽为棕色或棕黄色，内部的竹丝纹理看起来有点像沉香的油脂线。仅凭外观来看与沉香的相似度颇高，不易分辨。但燃烧后的香味就是木头的香味，与沉香香味差别非常大。有些作假高手会在这类孟宗竹中添加少量的沉香提取物或其他成分，使之生闻起来，甚至燃烧起来的味道和沉香味道有几分接近。虽然有经验的鉴别者很容易看破其中奥妙，但大多数普通爱好者或收藏者往往会

松木假冒沉香

花奇楠

竹子假沉香

在这里“交了学费”。

三、很多人知道沉香有香气，但具体属于什么香气是辨别不出来的。所以有些人就去添加一些具有自然香味的辅料在品质低劣的沉香中，闻上去不会有刺鼻的感觉，也比较自然，具有极大的迷惑性，很多人以为这就是沉香的香味了。最常见的作假“添香”剂包括松节油和松香。尤其是松香，具有轻微的毒性，闻多了可引起头疼、昏眩、咳嗽、气喘等急性中毒症状。而且松香燃烧时还会产生大量浓烟。松节油和松香的味道比较单一，也比较容易被识别和记忆，大多数人只要闻过一次就能记住，基本上不会与沉香搞混。

四、在未结香的沉香木或含油量较低的沉香中，添加重金属或其他能增加“沉香”油脂、重量的成分，常见的有增塑剂、金属铅、胶水、泥土、水泥等。增塑剂具有芳香气味，不易挥发，成本低廉，还有定香的作用。但其一旦进入人体内，若不及时排出，日积月累就可能会造成免疫力下降和产生各种疾病的风险。而金属铅因为密度很大，增重效果很好，制假者往往会将打成碎块的铅填塞到沉香上有孔洞的地方，再找合适的沉香堵住孔洞，或者用胶状物粘住。众所周知，铅具有较大毒性，会对人体健康造成重大危害。所以这两种属于特别黑心无良的制假方式，足见制假者之可恶与可恨。另外还有在沉香里添加泥块、水泥等制假手法，主要是在虫漏沉香或中空的沉香香材中比较多见。其宗旨都是用以增加低价值沉香的价值。

五、画线沉香和沥青沉香：就是先在一般的木头表面涂上胶水混合泥土、然后把泥土刮掉，用笔在上面画出香线，这是较为低级的仿造。高级一点的是在白木表面涂上沥青，再用专用工具刮出油线，然后用酒精浸泡。酒精挥发的同时会把沥青味带走，就不容易被人辨别出来。但这种假货经不起火烧，可以用火烧法分辨出来。

六、高压注油沉香。真正的沉香是经过数百年凝结而成的，触摸时手感细腻，非常光滑，并且表面，晶莹通透具有光泽。因为它含有天然的油分，而这些油分的分布往往是不均匀的。有人就通过高压油注的方法造假，虽然重量是增加了，但是触摸的话，手上会沾染油分，并且表面也没有光泽。

七、压缩木沉香。很多人都知道沉香可以沉于水，所以有人用压缩木屑等手段，还有高温高压的方法，使一些低劣香材的密度变大，让它有沉水性，以欺骗买家。

还有以下三种制假手段，见图。

沉香制假手段 1：沉香部分作色

沉香制假手段 1：沉香部分作色细部

沉香制假手段 2：高压熏染

沉香制假手段 2：高压熏染细部

沉香制假手段3：树脂熏染

沉香制假手段3：树脂熏染细部

沉香行业里有一个不成文的老规矩，即鉴定沉香可以说真假，可以评等级，也应该分清野生和人工，但不评估价格。这背后的逻辑其实也不复杂。真假之别和野生、人工之分，是原则问题，所以必须说清楚。能谈价格的，首先东西得真。沉香不是大规模生产出来的商品，沉香行业有长期定位和古玩、艺术品等行业相类似的地方，货品的价格没有市场指导价之说。同样的东西，东家就能卖出高价，西家、南家、北家的卖价就是不如东家。做生意漫天要价就地还钱，买家愿意出高价，是卖家的本事。只要是你情我愿的买卖，不戳穿价格也不算对不起买家。

给沉香的质量分级，最早应该始于北宋的丁谓。他在《天香传》里创造性地用“四名十二状”体系给海南沉香进行了分类评价。明代李时珍的《本草纲目》通过对前代医书和前辈论香之说的考订，删繁就简，最终依沉香的沉水程度划分了沉香（沉水）、栈香（半浮半沉）和黄熟香（浮水）三个等级。而明代陈让的《海外逸说》则首次依据颜色将棋楠划分出“绿色、深绿色、金丝色、黄土色、黑色”五个等级：

> 伽南上者曰莺歌绿，色如莺毛，最为难得；次曰兰花结，色嫩绿而黑；又次曰金丝结，色微黄；再次曰糖结，黄色是者也；下曰铁结，色黑而微坚，皆各有膏腻。

古人的这些沉香质量分级标准大都以颜色、树脂比例、沉水与否、气味、形状等指标为依据，以经验识别为主，主观性较强。除了医家李时珍制订的标准比较简单易行以外，丁谓、陈让这些人都是文学之士，文字都充满想象力，与其说写的是标准，不如说是文学性的描述，文采有余，精准务实不足。无怪乎，沉香业内人士及藏家们用这些作为评判沉香质量的标准评香、论香的时候，难免会引起一些口水仗或笔墨官司。而李时珍的标准虽然简明易用，但他是以判定能否入药为出发点，在评定收藏级沉香的等级的时候，恐怕也是太过简略而无法适用。

近年来，国家有关部门和部分地方的行业协会相继发布了一些用不同方法对沉香进行等级分类的行业标准、地方标准和团体标准。比如：用传统感官评判法对沉香进行分级评判的中华中医药学会发布的团体标准T/CACM 1021.59—2018，用化学成分及其含量对沉香进行分级评判的海南省地方标准DB46/T 422—2017等。客观来说，沉香等级分类评判标准，是在指定的某些特定角度的基础上，对于沉香质量等级进行的描述。人们按照这些标准能够较为客观地对绝大多数沉香进行等级划分。但是，对于绝大多数的沉香爱好者，甚至是相当一部分的沉香业内人士和收藏者而言，这些鉴定都过于复杂，有些取样过程还是破坏性的。

另外，这些沉香评级标准的编制是为了同时适用于药用、熏香、制香、珠串、艺术品等各个使用场景下沉香的等级评判，并建立一个统一的评判体系。但是沉香从品种到产地，再到结香方式等各个方面都存在很大的差异，造成沉香品质、气味等方面的差异也非常之大。同时，不同的应用场景对沉香的要求也是差别巨大，所以，这种统一的评判体系，看似科学，在实践中可能并不具备足够的实用价值。

其实，稍微改变一下思路，也许就能更有效地建立起沉香的等级评价体系。首先，是变“等级分类评判标准”为“分类等级评判标准”。这看似简单的语序颠倒，实则将改变整个等级评判思路。目前的“等级分类评判”是以实验室的视角，把所有沉香，不论是药材沉香、熏材沉香，还是已经加工成珠串或精美艺术品的沉香，统统只看作实验室的送检样品。然后以实验室检验所得的数据为依据，对检验样本进行等级评定。这样的评价和检验的是沉香的某些“共性”。这些共性也许是科研人员眼中很典型、很重要的指标。但对诸如熏香、制香、沉香雕刻而言，它很可能并不那么重要。一些实验室检验中被认为不太重要的“特性”，反而可能是香道师、制香师、雕刻艺术家眼睛里特别重要的方面。因此，我们可以先将沉香分为药用类、熏香类、制香类、艺术品类四个大类，然后再分别制定每个大类的等级评价标准。野生沉香和人工种植沉香的标准要分开制定，棋楠也应该单独制定各类的等级标准。药用类沉香的等级标准可以由低往高制定，确保入药沉香的药效。熏香类、制香类、艺术品类沉香的等级标准可以由高往低制定，保证这几类的精品率。艺术品类沉香按单块沉香材料进行评价，熏香类和制香类按照批次进行评判。

例如，艺术品类特级沉香的评判标准可以按下表的方法制定为：

沉香种类	**沉香**
沉香树种	瑞香科沉香属四大原生种：白木香、印度沉香、马来沉香、越南沉香
产地	白木香：中国海南、广东、广西、云南 印度沉香：印度、缅甸、不丹 马来沉香：马来西亚、印度尼西亚 越南沉香：越南
结油率	≥30%
单块沉香重量	≥1千克
成材率	可切出一块以上（含一块）“四六一”牌，或可车出50以上大珠子10颗以上

在特级评判标准的基础上对各项评级指标做减法，以确定一级、二级、三级的评判标

准。最后以“结油率10%”为评级底线，低于这个标准的不予评级。

在这套沉香分类等级评判体系的基础上，沉香原材料信息溯源体系就能进一步形成。试想，以后当您买回一条沉香手串或一件沉香雕刻艺术品以后，卖家会附一张“沉香原材料信息溯源表”，同时还会附上权威机构对这块原材料所出具的“沉香等级评判证书”。“沉香原材料信息溯源表”就像是沉香的“身份证+户口本”，把该物件来自哪一块原材料、什么时候切割、由谁制作、同批切割下来的材料做了什么等等信息记录得清清楚楚。而“沉香等级评判证书”则好比是该沉香的“出生证明”，把它的家族血统、遗传基因都记录在案。这时候，沉香行业的关于沉香鉴定的那些不成文的老规矩也许就将不复存在了。

用　香

◎　合香之道

◎　合香之秘

◎　沉香入药

◎　沉香入酒

◎　沉香入饮

◎　天朝贡瑞

◎　珍藏密敛

用香

合香之道

沉香为众香之首，不仅仅因为其珍贵稀有，还因为它是大部分合香的主香或君香。其中的原因，一来是中国文化讲求正气凛然，沉香的气息中正平和，大气瑰丽。作为主香，沉香就是合香的灵魂，它能把控合香的整体气韵，不至于出现过于怪异、过于苦涩、过于浓艳，甚至艳俗等不正之气。二来是沉香具有静心凝神、正心澄意的功效，以其为主香，不至于合出让人心神散乱，或者心生邪念的气息。再则是沉香既能调和众香于一味，又不会抢夺其他诸香的气味，与中国文化“君子和而不同”之道吻合。无怪乎，南朝人范晔要以“沉实易和”自诩。

沉香合香的第一层含义是将不同调性、不同味系的沉香合在一起。制出之香，看似还是沉香，实则已有变化。简单来说，沉香气味虽美，比之棋楠却少了些许变化之妙。沉香合香即是以不同香气特色的沉香，调和出可比拟棋楠的那种香韵变化之妙来。

一款上佳的沉香合香应该是沉香品种特色明显，其独特的韵味被极致放大，香气的穿透力和扩散能力强，留香时间长，余韵悠远，回味无穷。而且香品也要制成线香等便于携带使用的形式，以适应现代人的生活习惯。具体到每一支线香的粗细、长短、形状以及烟气的大小控制，都要以最大可能增加香品的韵味为指导来打造最适合的特定沉香香韵的特色。

沉香合香的第二层含义就是惯常意义上以沉香为君香，以其他香为“臣、佐、使”的和合之香。这类合香往往讲究用香的“奢”与“奇”，并且更讲究香方设计者强烈的个人审美意识。与大多数人印象中古代合香会给人一种清微淡远的嗅觉感受不同，这一类的合香给人更多的感受是常人难以想象的“天家富贵”与中国古代文人那种孤傲的精神贵族气息。这里摘录几个经典的以沉香为君香的合香古方，与诸君共赏其用香之妙，同感其制方者的惊世才情。

古代香方

香　　名：婴香

创 制 人：北宋 黄庭坚

香　　方：角沉三两末之，丁香四钱末之，龙脑七钱别研，麝香三钱别研，治弓甲香壹钱末之，右都研匀。入牙消半两，再研匀。入炼蜜六两，和匀。荫一月取出，丸作鸡头大。略记得如此，候检得册子，或不同，别录去。

方义略解：角沉，树心油或棋楠之属，次香甜凉醇厚，花香馥郁，用量竟占全方太半。丁香甜美，龙脑甜而极凉，麝香为动物香，增加全方厚度，其味馥郁，穿透力强。甲香辽远，且有阻燃降温之效。牙消助燃，可加速有机物降解，以免前方诸香油脂含量太高，熏香时挥发不均匀。有言此方气味极酷烈，诚然也。

香　　名：富贵四合香

香　　方：沉、檀各一两，脑、麝各一钱，如常法烧。

方义略解：此香方并未具体说明是否要制作成香丸或者香粉或者线香，只是提及“烧”这个字。此款香焚烧起来一定是不错的。按照这个比例，如果制作成香丸，可以薰可以烧，还可以放入香囊球冷用。其香气馥郁芬芳，层次丰富。

香　　名：鹅梨账中香，又名江南李主帐中香

创 制 人：五代 南唐 李煜

香　　方：此香历来有多方，现摘录其中两个

香 方 一：沉香一两（挫如柱大），加以鹅梨一个（切碎取汁），右用银器盛蒸三次，梨汁干即可爇。

香 方 二：沉香末一两，檀香末一钱，鹅梨十枚，右以鹅梨刻去瓤核如瓮子状，入香末，仍将梨顶签盖。蒸三溜（三沸），去梨皮，研和令匀，久窨，可爇。

方义略解：鹅梨究竟为何物，多有争议。一说为河北鸭梨，一说为榅桲，别名木梨者。个人以为皆可，唯两者所制之香，鸭梨更甜润，榅桲更芬芳。也有人认为沉香和梨都有甜香，再加炼蜜会过甜，个人感觉影响不大。加少量蜜会有很好的黏合作用，且会使香丸更加温和。另外经过两个月左右的窨藏后，香丸的蜜味会随着时间越来越淡。

现代非遗香方

香　　名：不生尘

配　　方：越南芽庄上等熟结沉香、顶上富森红土

合香思路：以越南芽庄上等熟结沉香为主要原料，糅合上等富森红土，由遵古法手工精制。用芽庄的甜润安和配以富森红土的雄强，呼吸间，感官的瞬间被丰富，随之而来的是钻入心髓的安静宁谧。

香　　名：万丈垂虹

配　　方：顶级印度熟结沉香、柬埔寨菩萨产区熟结沉香

合香思路：以印度和柬埔寨菩萨产区上品熟结沉香为主要原料，以黄金比例调配而出。初闻高贵幽淡，细品则纯正、清亮而极具穿透力，闻者倍感舒爽，仿佛置身于“万丈垂虹”上“如步蟾宫”。

香　　名：漱玉

配　　方：老挝沉香、海南沉香

合香思路：以老挝和海南上品沉香为主要原料，既有老挝香的甜润饱满，又兼具海南香的透彻清灵，如美玉一般高洁剔透、温润沉潜。

合香之秘

《陈氏香谱》卷一“合香”条云：

合香之法，贵于使众香咸为一体。麝滋而散，挠之使匀；沉实而腴，碎之使和；檀坚而燥，揉之使腻。比其性，等其物，而高下如医者，则药使气味各不相掩。

沉香合香的制作，需结合传统制香的香理和中医药的药理，按照“君、臣、佐、使”的配伍，以沉香为“君”药，根据不同产地沉香的香味特色，以及香品所要构建出的香氛意境，配以不同的“臣”药，以起到重点烘托沉香香味，强化沉香韵味的作用。与此同时，以特定的“君、臣”二药比例，使得沉香和“臣”药的各自香气特色又能互不影响，增加沉香气味的层次。在此基础上，选用合适的“佐”药，增强与丰富沉香与“臣”药的韵味，也以特定的比例，将“佐”药的味道尽可能减小，使其只发挥应有的作用而不留下气味，以免染杂和影响“君”“臣”二药气味的发挥。最后选用合适的“使”药，达到增加沉香和“臣”药气味扩散能力和延长留香时间的作用。

合香的美妙在于各种香料合和、窖藏、薰闻之法的配合得宜。得一佳方不易，制一款好的合香更是不易。宋代颜博文《香史》中说："合和窖造自有佳处，惟深得三昧者，乃尽其妙。"

较之单一香品，合香的品闻显得更加厚实美妙，如果说单一香品品闻感受的是单纯之美，那么合香品闻展示的则是复合之美。

沉香入药

沉香自古以来不仅是一味名贵的香料，还是一味极其名贵和重要的中药材。沉香入药已有千年历史，是十大南药之一，被历代医家推为"气药"之首，是名副其实的急救之王，自古就被视为驱病抗衰、生养延命的良药。历代中草药典籍都对沉香有过详尽的记录和介绍。

在中医药典籍中有两本的影响力可能是最大的。第一本就是妇孺皆知的《本草纲目》，另一本则是作为现在中医药执行标准的《中国药典》。

《中国药典》上记载："沉香性辛、苦，微温。归脾、胃、肾经。行气止痛，温中止呕，纳气平喘。用于胸腹胀闷疼痛，胃寒呕吐呃逆，肾虚气逆喘急。"

《本草纲目》上记载："咀嚼甜者气平，辛辣者性热。治上热下寒，气逆喘急，大肠虚闭，小便气淋，男子精冷。"两相对照，就不难发现《本草纲目》和《中国药典》对于沉香药用价值的论述，最突出的一点即为其归入脾、胃、肾三经，对于脾、胃、肾都有一个比较好的滋养作用。而且它主要的功效在于温中和行气。就是说，如果我们人体的中焦部分受寒，也可以用沉香来温热；如果我们体内的"气"运行不畅，或者是一些由气虚造成的问题，也可以通过沉香行气来解决问题。这里提到的"行气止痛"以及"纳气平喘""气逆喘急""大肠虚闭"等，都是由于气虚和身体的气机不畅所造成的。沉香就能够起到在补气的同时使气机顺畅地运行起来的作用。

清代人汪昂在所编的《本草备要》中是这样论述沉香的药用价值的："调气补阳。辛苦性温。诸木皆浮，而沉香独沉。故能下气而坠痰涎。"这里抓住了沉香作为一味"气药"以及它性温的特点，说沉香能够调节人体的气机，同时还能够增补阳气。文中直言，就是因为沉香是所有木头当中唯一能够沉于水中的，所以沉香的气是可以使人体中的气一起下降的。所谓"气逆喘急"，就是人体中的气过分地上扬才造成喘气急促。沉香就能通过它这种降气的功效使我们急促的喘息平复下来。由此沉香有一定的治疗咳喘的作用。

“怒则气上，能平则下气。能降亦能升。”怒伤肝，人一怒肝气就上升。沉香属木，肝也属木，两者属性相合。而沉香能下气，就能把肝气降下来。很多人由于生活节奏快、工作压力大，肝气往往都比较郁积，沉香就可以起到疏散肝气的作用。“气香入脾，故能理诸气而调中。”沉香的气息甜美，我们的脾胃最喜欢甜美的气息，所以沉香可以使我们人体的气机都归入脾中。脾为后天之本，脾脏功能好了，人自然就健康了。

《本草备要》中接下来的论述更为精彩：“东垣曰：上至天，下至泉，用为使，最相宜。其色黑体阳，故入右肾命门。暖精助阳，行气而不伤气，温中不助火。治心腹疼痛，噤口毒痢，症癖邪恶，冷风麻痹，气痢气淋。”李东垣是金元四大医家之一，写过《脾胃论》，重视调理脾胃和培补元气，以扶正祛邪。“上至天，下至泉，用为使，最相宜。”天就是天满穴，换个更熟悉的名字，就是头顶的百会穴。泉就是足底的涌泉穴。李东垣认为沉香可以让身体里面的气，从头顶到足底周流不息。所以他把沉香用作“使药”，也就是通过沉香能让气在身体里循环不息的力量，把其他药的药力带到它们该去的地方。“其色黑体阳，故入右肾命门。”沉香色黑，黑属水，沉香纯阳，火性纯阳。所以沉香的药力可以入右肾命门。中医认为，我们人体的两个肾是不同的。左肾称为肾，右肾称为命门。肾属水，左肾是水中水，右肾是水中之火。我们人体的元阳之气就藏在这个右肾命门之中。水中之火，水火相济，阴阳相继，才是人体的元阳之处。所以沉香可以补人体的先天元阳之气。“暖精助阳”，沉香可以助阳气、暖精气。“行气而不伤气”，沉香不是一个很猛烈的药，可以让我们的气机在身体里面周流不息，但又不会因为气机跑得太快而受损伤。“温中不助火”，它能够温补我们的中气，但又不上火。“治心腹疼痛，噤口毒痢，症癖邪恶，冷风麻痹，气痢气淋。”这里“心腹疼痛”，心疼是指心脏病，腹疼是胃寒造成的一些疾病。“噤口毒痢”，是风邪寒邪造成的不能说话以及腹泻。“症癖邪恶”，是突然之间不能动了。“风冷麻痹”，是受了风邪寒邪以后，突然之间肢体麻木，不灵活了。“气痢气淋”，是由于气虚而造成的腹泻和小便淋漓不尽。

再来看一本宋朝人编写的《本草衍义》：“《经》中止言疗风水毒肿，去恶气，余更无治疗。今医家用以保和卫气，为上品药，须极细为佳。”《经》指的是《神农本草经》。《神农本草经》是东汉时期的医典。当时人们对于沉香的了解还不够深入，所以它认为沉香可以用来治疗由于风邪湿邪造成的一些毒肿症状，还能用来去除恶晦之气。其他功效就没有再多说了。而宋代的医家对沉香的了解要远超过东汉时期，所以他们用沉香来“保和卫气”。这个“卫气”是阳气的一种，是由我们吃下去的五谷以及我们喝下去的水，经过脾胃运化以后，产生的一种阳气。这种阳气比较刚烈、强悍，运行速度非常快，对于内脏和体表部分都有保护的作用。内脏有什么损伤，或者体表有什么创伤，卫气足的话，创伤就愈合恢复得快。卫气还能帮我们抵御外邪的入侵，对于一些外来的细菌、病毒等的入侵，能够起到抵御作用。卫气还能够滋养腠理，就是能够强健我们的肌肉、筋膜等。另外，卫气还有开合汗孔的能力，所以，卫气一旦受损，那么人的内脏、肌肉、筋膜就都失去了滋养和保护。我们身体抵抗外来病毒、细菌入侵的能力也会下降。而沉香可以保护和滋养卫气。卫气一旦强大了，抵抗力也就增强了，人就不容易生病了。所以沉香是治未病的上品药。

这里再来看一下清人陈世铎编的《本草新编》。《本草新编》也叫《本草秘录》，作者认为这本书里面讲述了很多关于中药材的秘诀。我们看一下他是怎么写的："（沉香）引龙雷之火下藏肾宫，安呕逆之气，上通于心脏，乃心肾交接之妙品。又温而不热，可常用以益阳者也。沉香温肾而又通心。"

"引龙雷之火下藏肾宫"，这句话很有意思，用了一些道家丹道里面的密语。龙雷之火就是心火，心属火，在上。肾属水，在下。火往上走，水往下流，是其本性。这两个脏腑这样安排，是一个阴阳不能相交，水火未济的状态。"未济"就是万物得不到滋养的意思。心火上升，肾水下降，水火未济，身体得不到滋养，则阴阳失衡。沉香可以让上升的心火之气向下，让下降的肾水之气上升，从而使心肾两个脏腑交接在一起，从火水未济变成水火既济。既济就是让身体得到阴阳平衡，得到滋润。这是个长寿的秘诀啊。"沉香温肾而又通心"，温肾是强健了我们的先天元气，温肾通心是让肾水、心火相沟通，让我们的人体在先天之气的滋养下达到一个阴阳平衡的状态，达到祛病延年益寿的效果。

另外，沉香在失眠治疗和心理治疗中也是很好的辅助治疗药物。沉香中含有的主要成分沉香苯和沉香螺旋醇对中枢神经系统具有很好的镇定作用。实验表明，沉香对于延长睡眠时间和提升睡眠质量均有十分显著的效果。还有实验表明，沉香挥发油对于松弛肌肉、消除紧张和抗焦虑同样有非常不错的疗效。所以经常嗅闻沉香对于促进良好睡眠、保持精神状态的安定能起到非常好的效果。

沉香入酒

沉香所含的有效物质微溶于水，但易溶于酒精等有机溶剂。以此观之，沉香与酒应该是佳配。沉香入酒最早可以追溯到南北朝时期，唐代开始逐渐盛行。据说"斗酒诗百篇"的诗仙李太白受唐玄宗宣召为杨贵妃作诗，玄宗设宴于沉香亭，席间饮的就是玄宗私藏的沉香酒。诗仙痛饮沉香酒后，挥笔写下了千古绝唱《清平调》三首：

云想衣裳花想容，春风拂槛露华浓。若非群玉山头见，会向瑶台月下逢。

一枝秾艳露凝香，云雨巫山枉断肠。借问汉宫谁得似？可怜飞燕倚新妆。

名花倾国两相欢，长得君王带笑看。解释春风无限恨，沉香亭北倚阑干。

这是何等的神仙诗句呀，尤其是第一首，云花风露，在俗而不染尘；群玉山、瑶台月，登仙而字字含情。想是这“谪仙人”必是因了沉香酒的凛冽香醇、奇香馥郁而无比陶醉，进入了一种似醉非醉、飘然登仙的状态了。

坊间还流传有两句题为杜甫所写，赞美沉香酒的残诗：且借壶中沉香酒，还我男人真颜色。不用考证即知，这两句几近浅薄、艳俗的诗句，肯定不是出自一生忧国忧民的诗圣手笔。

北宋大科学家沈括的《梦溪笔谈》中曾记载了宋真宗赏赐王太尉苏合香酒的故事。其调制方法是“每一斗酒以苏合香丸一两同煮”。而这个“苏合香丸”，根据宋代官修成药处方配本《太平惠民和剂局方》记载，是以“沉香、木香、檀香、苏合香、安息香”等十多种香药配伍制成。魏晋南北朝至北宋初期的沉香酒，都是把沉香浸泡在酒中的沉香配制酒，苏合香酒是第一个有明文记载的沉香酒调制配方。

北宋中期以后，在酒曲中添加草药的理念已十分普及。以宋代酿酒名著《北山酒经》为例，书中制曲理论篇和卷尾附录的神仙酒法共收录 15 种酒曲，全部有草药添加，药物种类多达 36 种，同一时期的多部酿酒著作均沿用此法。在此基础上，用沉香等香药制成沉香酒曲，再以曲酿酒的技艺也逐渐成熟，以至于宫廷赏赐沉香酒成为成例。据南宋人周密所写追忆南宋都城临安城市风貌的杂史——《武林旧事·卷八·宫中诞育仪例略》记载：宫中后妃有娠及七个月，按例赏赐的滋补品中就有“醽碌沉香酒五十三石二斗八升”。另外，南宋著名爱国诗人陆游的《老学庵笔记》中也记载，每当皇帝大寿时“赐大臣酒名沉香酒，分数旋取旨。盖酒户大小，已尽察矣”。从这些记载，都能看到当时沉香酒用量之大。

从明代开始，香药入曲的做法出现了两种截然不同的发展现象，一个是随着白酒制曲工艺的成熟，香药和酒曲联系得更加紧密。李时珍《本草纲目》中记载各类香药“皆可和酿作酒，俱各有方”，“今人所用，有糯酒、煮酒、小豆曲酒、香药曲酒等”。可见香药曲所制白酒已成为明代主流酒类之一。可惜因为明代的海禁政策，民间对外贸易急剧减少，沉香极为难得。纵使香药制曲工艺已几近成熟，但沉香酒酿造技艺却逐渐式微，仅在沿海贸易经济较发达地区有所保留与传承。

据明末清初著名广东籍学者屈大均所著《广东新语・卷十四 食语》记载：广东地区曾“有曰酒香，则以角、沉、黄熟等为酿，所谓七香酒也”。就是用“角香（棋楠香）”“沉香（沉水级沉香）”“黄熟香（不沉水级别的沉香）”直接入曲，酿造成各种等级的沉香酒。可惜到明末清初，“七香酒”的酿造技艺已经失传。

清代中期以后，随着对外通商的逐步恢复，沉香贸易再次兴盛起来，沉香酒酿造技艺也随之兴起了一波小小的复苏潮流。清代长篇小说《镜花缘》第九十六回中层罗列50多种清代中期的名酒，其中“济宁金波酒”和“乍浦郁金酒”就是以沉香为主要香料酿造的名酒。

金波酒的酿制方法始于宋代。北宋张能臣著《酒名记》中，即记载了这款当时在河间府、明州、代州、洪州等多地均有酿造的名酒。清乾隆二十年（1755年）山东济宁玉堂酱园在宋代金波酒的基础上，选用优质高粱大曲配以沉香、檀香、郁金等14种香药，酿造出酒香独特、颇具养生功效的金波酒，成为清代名酒。1915年，济宁金波酒在巴拿马国际商品博览会上荣获金牌奖章。

至于出产于嘉兴平湖乍浦镇的清代名酒郁金酒，今天我们只能从清代道光年间编撰的《乍浦备志・第九卷 土产》中相关记载得知其主要原料和大致的制曲方法：“沉香、郁金、木香、当归、陈皮、花椒等共研末，和白面、糯米面作曲，如常法酿酒。”除此以外，具体的制曲方法、酿造方式等详细信息早已和这款名酒一起湮没在历史长河中而无从寻觅。

沉香入饮

沉香入饮古已有之。但大多数传统的沉香泡水煮茶入饮的方式，讲究的都是养生保健功效。很少有像现代人专门煮沉香水来喝其香甜滋味的。至于现在一些所谓用沉香煮水冲泡老茶，以去掉其中陈腐味的做法，更是古来未有，纯属创新。但是沉香能改善茶汤口感，却是真事。笔者在外如遇口感不佳又无法推却之茶，必要趁热以小块沉香在茶汤中搅上数搅，再喝茶汤则觉香甜顺滑许多。至于哪里的沉香煮水最好喝，可谓众说纷纭。有说海南沉香煮水好喝的，有说越南沉香煮水好喝的。笔者的经验则更倾向于马来群岛所产的高结油沉香煮水更香甜，更好喝。对此估计很多人会有不同意见，认为这些产区的沉香气味过于辛烈浓郁，不适合煮茶。殊不知，沉香煮水的味道不能以焚香时的味道度之。由于沉香的内含有效物质是微溶于水的，不像燃烧时的沉香此类有效物质大量剧烈地释放。燃烧时味道辛烈浓郁，水煮时则刚刚好。若是燃烧时已经很轻微柔和，那煮水时恐怕会有寡淡无味之嫌。

浙江中医药文化研究院学术委员会委员毛嘉陵老师曾经推荐过两个沉香保健茶的配方，供大家参考。

沉香茶

原　　料：沉香5克、花茶3克。

用　　法：用200毫升开水泡饮，冲饮至味淡。

功　　能：降气温中，暖肾纳气。

用　　途：气逆咳喘，呕吐呃逆，脘腹胀痛；腰膝虚冷。

来　　源：传统药茶方。

三七沉香茶

原　　料：三七5克、沉香2克、花茶3克。

用　　法：用前二味药的煎煮液300毫升泡茶饮用，冲饮至味淡。

功　　能：降气活血止痛；降血压，强心。

用　　途：冠心病、心绞痛、高血压等病兼有气滞血瘀症者。

来　　源：传统药茶方。

另外，近年来一些针对沉香叶和沉香花的研究结果显示，沉香叶和沉香花都含有丰富的活性物质，具有较高的养生保健作用。2022年4月，中国科学院官方消息，云南昆明的中国科学院植物研究所的科研人员从沉香花中发现了活性抗癌分子。所以，近几年用沉香花泡茶、喝沉香叶茶也都成为养生保健的新时尚。

沉香花晒干后可以直接泡茶喝，略带清香味，每次用量不宜超过3克，否则口感会过于苦涩，且过于浓烈可能对肠胃形成刺激。

沉香叶制茶并非直接晒干即可饮用，而是需要经过好几道工序加工才能用于泡茶。并且沉香叶制茶对于沉香树以及沉香叶子都有着极高的要求。通常制作沉香茶的沉香叶子要选择种植年限较长的沉香树，树龄越高，沉香叶的营养价值就越高，生长时间越久，药用价值也就越高。

除了树龄的要求，在采摘沉香叶时，还要选择干净的、没有病虫害的完整沉香叶；同时

沉香花

沉香叶茶

对采摘量也有一定的要求，一棵十几年的沉香树，最多一次也只能采摘五到六斤的沉香叶；一次性采摘太多沉香叶对沉香树接下来的生长也会有影响。

目前，采摘回来的沉香叶子制作沉香叶茶的加工工艺是参考和模仿青茶，即在乌龙茶工艺的基础上借鉴和改良而来的。整个制茶流程需要经过摊晾、切片、杀青、揉捻、发酵、烘干等六道工序。其中杀青、揉捻和发酵工艺特别关键，因为沉香叶相较茶叶叶片更肥，表面的蜡质层更厚。所以沉香叶要比茶叶杀青温度高，时间长。沉香鲜叶比茶叶苦涩味更壮，叶脉更粗壮，所以揉捻时一定要揉捻到位，才能更好地去除苦涩味和麻口感。发酵工序是茶叶整体风味形成和定性的关键阶段，发酵程度在15%—70%。沉香叶茶的发酵程度可以选择25%—50%的中度发酵，这样出来的茶外形粗壮紧结，色泽青褐油润。其茶汤汤色深橙黄或橙红色，叶底肥厚，柔软，滋味浓醇甘爽。

沉香叶茶的整个制作流程大概需要五天左右的时间。而采摘下来五到六斤的新鲜沉香叶，加工之后大概只能得到一斤左右的干茶。沉香叶茶与其他茶叶最大的区别就是不含茶碱和咖啡因，长期饮用不刺激肠胃。

除了入药、入酒、入饮，早在中世纪时期，阿拉伯人就利用水蒸气蒸馏法提取获得了沉香的植物精油，并且形成了较为完备的产业链。沉香精油和大马士革的玫瑰精油是自古以来排名前二的最昂贵、最受欢迎的精油。在国际沉香市场上，沉香精油也是非常重要的一个交易品种。沉香精油的应用价值也是所有精油中最高的，是檀香精油的十倍以上。很多制药企业和几乎所有的大牌化妆品都要用到沉香精油。只要产品的味系偏向东方基调，其中必定会加入一定量的天然沉香精油。加入了沉香精油的香水和化妆品的香气，会给人以华贵、神秘而又宁静的感觉。

通过蒸馏提取精油，是获得品质优异的沉香精油的方法。但这种方法得油率低，平均每150公斤沉香才能提取约1公斤的沉香精油。因此沉香精油的市场价格高得出奇，上等的沉香精油价格一般在35万—45万元人民币/公斤，品质最高的沉香精油价格甚至可高达100万—200万元人民币/公斤。不过现在市面上有不少用种植原料提取而来沉香精油，就算用天然原料，很多也是勾兑稀释后才出品的。稀释的沉香精油比较好鉴别，但是野生料和种植料提取的纯沉香精油区别起来还是有相当难度的。

天朝贡瑞

由于清代继续实行明代以来的海禁制度，沉香，尤其是体量大、品质好的沉香、棋楠，就成为只有皇家才能享有的贡品，民间已经极少见到。因此，清宫造办处牙作、木作的沉香、棋楠雕刻作品，可以算作是乏善可陈的清代中国用香历史中的一大亮点。

乾隆六年（1741年）十一月十日，紫禁城慈宁宫旁造办处的牙作里，一名牙匠愁眉紧锁，正盯着桌子上的一大块上等棋楠出神。此人名叫杨维占，广东人，四年前因为雕刻象牙的手艺精湛，被粤海关监督郑伍赛看中，亲自派人送到京城。

在造办处的这几年，杨维占对交办的活计从来都是谨小慎微，不敢有一丝马虎。渐渐地他的技艺得到了其他工匠的认可，就连总管内务府大臣都对他的手艺颇为赞许。也正因如此，活计房总管才把这块珍贵的上等棋楠交到了杨维占手上。

如此大块的上等棋楠就算在皇宫里也实属难得。造办处的几位主管大人合计再三，也没想好把这块棋楠雕成什么才能让乾隆喜欢，因此干脆叫杨维占带回去拟出样稿，再呈报上来大家讨论。

杨维占小心翼翼地捧着这块高二十多厘米，长、宽都是十多厘米的棋楠回到了牙作，盯了足足两个时辰，连午饭也没吃，还是没有想出个所以然来。他心情是亦喜亦忧。喜的是这是一个施展才能的好机会，做得好了，赏银是免不了的，没准皇上一高兴还许他把家眷搬来京城，免了骨肉分离之苦；忧的是牙作向来以雕刻象牙为主，而象牙与棋楠在材质上相去甚远，雕刻手法自然也不一样，万一雕坏了，轻则罚些银两，重则发回原籍，那又该如何向父老交代？

杨维占只顾盯着棋楠发呆，没注意有一个人悄悄站在了他的身后。此人正是与杨维占一同被选送进京的广东牙匠黄振效。但黄振效善于交际，进内务府没多久就和江南牙匠们交上了朋友，并拜江南刻竹名家封歧氏为师，掌握了江南刻竹技艺的精髓。

黄振效和杨维占既是同乡也是好友，见杨维占在一块棋楠前呆坐，便猜中了八九分，轻声说道："这可是道难题。"杨维占见黄振效来了，如遇救兵，赶紧与他商量雕刻题材。按杨维占的想法，题材既要符合皇家品位，又要适合用料，还必须显示出广东牙匠的手艺。黄振效思索了半天，说道："咱们牙作的工匠不比外头，追求的是'雅、秀、精、巧'，这'精、巧'二字，倒是不难，难的是要在'雅、秀'上下功夫。当今皇上以古雅为美，不妨'仿古制行之'，从典故里寻个新意出来。"

一语惊醒梦中人。几天后，杨维占将《棋楠木雕香山九老》的样稿交了上去，造办处总管大为赞赏，决定立马动工开刻。一切非常顺利，当年年底，杨维占便完成了这件棋楠木雕中的绝世珍品。据说乾隆看到这件作品后，颇为喜爱，当即传旨将这件棋楠雕刻收入乾清宫的头等作品之列，成为乾隆最喜爱的珍玩之一。

根据公开的文物档案显示：这件《棋楠木雕香山九老》，现藏台北故宫博物院，宽九厘米，高十八厘米。"香山"峰壁巍耸，刀斧痕历历可见，颇具中国山水画"斧劈皴"之意。峰下岩间，雕刻出十一个栩栩如生的人物，各异其趣。一个背对观者而立，左手背于身后，右手高举，正提笔于岩壁题写诗句；另一个倚石立于旁边观看，石上还放着一方砚台；在他们俩身后有五个老者围坐于一矮几前，或言谈，或观赏题壁者，几上置一套茶具；山壁左侧还有二老，其中一人为老僧，倚石交谈。题壁老人的右下方有两个小童子在烹茶。

岩壁上方阴刻填蓝一首乾隆的楷书御题诗文："风流少傅十年间，结社香山共往还。漫道沧桑多变幻，试看常住是香山。"在全器左侧下方还留有杨维占自己的阴刻楷书款识：乾隆辛酉年小臣杨维占恭制。

从木质、色泽与香味来看，这件棋楠木雕作品与旧藏清宫其他伽南香木接近。由于棋楠木稀少且多朽木细干，用之雕刻，少有大材，清宫所藏虽丰，棋楠木雕也十分稀有，《金丝棋楠雕螭虎龙尾觥》《棋楠木雕香山九老》和《沉香木雕山水笔筒》（均藏于台北故宫博物院）为其中代表，又以这件最为著名。

上面的故事里说到上等沉香、棋楠即使是在盛清之际的乾隆年间也是十分难得，晚清以

金丝棋楠雕螭虎龙尾觥　台北故宫博物院藏

棋楠木雕香山九老　台北故宫博物院藏

棋楠木雕香山九老细部

后随着国力日衰，则更是少之又少了。1900年，农历庚子年，光绪皇帝的生母醇亲王福晋，慈禧太后亲妹妹叶赫那拉・婉贞六十大寿。作为亲儿子的皇帝，送上的寿礼是一串品相质地尚可的棋楠十八子提珠，此外再无他物。对照清宫造办处档案，雍正、乾隆那会，皇帝可是动不动就赏赐勋贵大臣一百零八子棋楠朝珠的呀。要知道中国人传统上特别重视过大寿，过整寿，尤其是六十大寿，那是老年阶段的第一个大整寿。作为亲儿子的皇帝，这样的出手，比起他的祖辈皇帝来说未免有些寒酸。但如果看到晚清时期国库空虚，贸易逆差严重，进口商品中农产品比例下降、工业产品比例急速上升等情况，就不难发现有这样大小和品相的棋楠提珠，已经是当世奇品了。如此看来，坊间流传的“盛世出好香，乱世香难觅”，也不无道理。有幸躬逢盛世，自当守好、用好这些绝世好香，使中华香脉绵延壮大，才是吾辈爱香人的本分。

沉香似木非木，“油”侵于木而生，木因结“香”而变。以雕刻材料论，它是一种非常特殊而稀有的材质。沉香中可用作雕刻且质量上乘又具有一定体量的香材则尤为难得，往往

光绪皇帝赠生母六十大寿寿礼　棋楠十八子提珠

几万件香材中也只能出现一块适合用来雕刻的材料。而且沉香香材的形状千奇百怪，质地、纹理千变万化，可以说，每一块未经人工雕琢的沉香本身就是大自然鬼斧神工的艺术杰作。再加上同一块材料上的不同部位，因为结香程度的不同，材质也不尽相同，如何巧妙地利用沉香材料的天然造型，以及自然产生的各种节眼与纹理，选择最恰当的题材进行构思与创作。同时在雕刻技法上匹配其木质酥松、脂质软黏、厚薄不均、内多中空的特点，是能否雕刻创作出一件优秀的沉香作品的关键。在此基础上，再将特定的文化内涵注入雕刻作品中，把沉香的自然之美与人文之韵巧妙地结合起来，这样才能创作出融天地造化与人间工巧于一身的精品，不负沉香“大地瑰宝”之名。

现存的古代沉香雕刻作品几乎都是明清件，且以清代作品占大多数。明代作品不说凤毛麟角，也是屈指可数。而明代以前的沉香雕刻作品，则基本流传于文献与传说之中。两岸故宫博物院保存有数量不少的清代宫廷沉香雕刻作品。应该说，清代是古代沉香雕刻创作的井喷期和高峰期。尤其是康、雍、乾三代的宫廷沉香雕刻，不论形式、体裁还是技艺，都堪称典范。很可惜的是，乾隆以后，沉香雕刻呈现出一种断崖式的萎缩状态。直至近代，沉香雕刻最终也没能成为一种专门的艺术门类。在沉香的雕刻历史中，它一般只依附在竹雕、木雕、牙雕、角雕的简史边列，有时甚至不曾被提及。

据说唐代以前，基本上是直接用大块的沉香作为陈设或者铺张。唐代始，沉香便偶尔被作用于某类固定形象的雕刻上。比如，法门寺地宫出土的用沉香拼接成小山形状的“香山子”，就是一种较早出现的特殊工艺品。与雕刻相反，这种工艺大致可以理解为是用沉香来“塑”造造型。五代时，高丽的王大世用沉香千斤，塑成同衡岳七十二峰一般的假山。此巨型山子，吴越王钱俶以黄金五百两求之竟然不成。但沉香毕竟不是泥土一类真正具有可塑性的材料，借由它本身的形态，塑个假山已经是极限了。要用沉香来构造出其他形象，那就只有雕刻了。

存见较早的沉香雕刻的记载，是五代十国时期，南楚国主马希范设计督造的大型沉香雕刻装置艺术——沉香九龙宝殿。据北宋孔平仲所撰轶事小说集《续世说》载，马希范用沉香雕刻制作了八条抱柱金龙，自己的王位就摆放在八条金龙中间。他把帽子上的帽翅加长到两三米，看起来像是他头上长了龙角一样。他坐在八条沉香龙围绕的王位上，感觉自己就是第九条龙。每天早上上朝的时候，他先让人在八条沉香龙的肚子里点燃沉香。他在八条龙同时吐出的烟气中，就像是一条见首不见尾的神龙。不得不说，“马老板”是真会玩儿。看来这马希范和宋徽宗赵佶是同一挂，就是被皇帝的职务耽误的艺术家。

同样是在五代十国，后晋的石敬瑭脑洞就没有马希范这么大。成书于五代末至北宋初的《清异录》上记载，石敬瑭赐给高僧法城一枚“砑金虚缕沉水香钮列环”作为袈裟环。“砑金虚缕”就是一种把金丝压进沉香里面的工艺。这枚沉香环据说出自皇宫内库，是一件皇家高定沉香雕刻的实用器物。

另据《十国春秋》卷八十一记载：“建隆二年十二月，海舶献沉香翁一具，高尺余，剜镂若鬼工，王号为‘清门处士’。”这个“王”说的是吴越国王钱俶。“海舶”就是海船。外国献来一尊沉香雕刻的仙翁像，具体是哪一国送来的，不知道，只是雕刻得出神入化，国王大喜，还亲自给这尊沉香仙翁取了名字，叫清门处士。

从上面三个故事来看，沉香雕刻的第一个井喷期大概就是在唐末到五代十国时期。为什么上限要扯到唐末呢？因为还有一个颇为神奇的“沉香观音”传说，据《苏州旧志》记载，发生的时间就是在唐朝倒数第三位皇帝唐僖宗乾符年间。它说的是，有一尊沉香观音像从太湖上漂到一座寺院门口。寺僧见了便欢天喜地地把观音像从水里迎请到寺院。寺僧发现观音像的脚上缠着水草，便把水草扔回了太湖里，湖面上便凭空生出了一朵千叶莲花。这座寺院也因此得名为“观音寺”。无独有偶，上海城隍庙附近有一座名为沉香阁的古庵，据说也是因为供奉着一尊明代时从黄浦江上漂来的沉香观音而得名。只是那尊苏州的唐代沉香观音连同那座叫观音寺的寺院早已不存于世，上海的沉香观音据说也在20世纪60年代被付之一炬。

若论最知名的沉香雕刻艺术品，除了乾隆的“香山九老山子”外，恐怕非北宋大文豪、国民偶像苏东坡送给他弟弟苏辙的六十岁生日礼物，一座沉香雕刻的山子莫属了。而苏大文豪因此写下的《沉香山子赋》，以及苏辙所和的《和子瞻沉香山子赋（并序）》，更是每一个喜爱沉香的人不得不读的香学名篇：

沉香山子赋　宋　苏轼

古者以芸为香，以兰为芬，以郁鬯为裸，以脂萧为焚，以椒为涂，以蕙为薰。杜衡带屈，菖蒲荐文。麝多忌而本羶，苏合若芗而实荤。嗟吾知之几何，为六入之所分。方根尘之起灭，常颠倒其天君。每求似于仿佛，或鼻劳而妄闻。独沉水为近正，可以配薝卜而并云。矧儋崖之异产，实超然而不群。既金坚而玉润，亦鹤骨而龙筋。惟膏液之内足，故把握而兼斤。顾占城之枯朽，宜爨釜而燎蚊。宛彼小山，巉然可欣。如太华之倚天，象小孤之插云。往寿子之生朝，以写我之老勤。子方面壁以终日，岂亦归田而自耘。幸置此于几席，养幽芳于帨帉。无一往之发烈，有无穷之氤氲。盖非独以饮东坡之寿，亦所以食黎人之芹也。

和子瞻沉香山子赋（并序）　宋　苏辙

仲春中休，子由于是始生。东坡老人居于海南，以沉水香山遗之，示之以赋，曰：“以为子寿。”乃和而复之，其词曰：

我生斯晨，阅岁六十。天凿六窦，俾以出入。有神居之，漠然静一。六为之媒，聘以六物。纷然驰走，不守其宅。光宠所眩，忧患所迮。少壮一往，齿摇发脱。失足陨坠，南海之北。苦极而悟，弹指太息。万法尽空，何有得失。色声横骛，香味并集。我初不受，将尔谁贼。收视内观，燕坐终日。维海彼岸，香木爰植。山高谷深，百围千尺。风雨摧毙，涂潦啮蚀。肤革烂坏，存者骨骼。巉然孤峰，秀出岩穴。如石斯重，如蜡斯泽。焚之一铢，香盖通国。王公所售，不顾金帛。我方躬耕，日耦沮溺。鼻不求养，兰茝弃掷。越人髡裸，章甫奚适。东坡调我，宁不我悉。久而自笑，吾得道迹。

声闻在定，雷鼓皆隔。岂不自保，而佛是斥。妄真虽二，本实同出。得真而喜，操妄而栗。叩门尔耳，未入其室。妄中有真，非二非一。无明所尘，则真如窟。古之至人，衣草饭麦。人天来供，金玉山积。我初无心，不求不索。虚心而已，何废实腹。弱志而已，何废强骨。毋令东坡，闻我而咄。奉持香山，稽首仙释。永与东坡，俱证道术。

由于沉香的质地极不均匀，油脂含量高的地方，虽然致密，但脂性大于木性，下刀时需要极其小心。这就好比在油膏上作画，用力轻了痕迹漫漶，用力重了，没准整块油脂部分便会随刀而下。而油脂含量略低的地方又是木性大于脂性，且沉香树木质疏松，与通常质地紧密的其他雕刻用木不一样，落刀时稍有不慎，整条木纤维就有被铲掉的可能。不仅如此，沉香的质地是脂木相间相抱，木质与脂质并非截然分开，往往在几厘米见方的开面上，脂木多重交替。这时哪怕就是刻一条直线，也无异于往复穿梭于不同的时空，刀尖需要时时感知材质的变化，并随时呼应，才能留下满意的一刀，其中之艰难绝非外人可知。

好的沉香雕刻作品必须有“四细”：构思的“精细”，表达情感的“细腻”，刀起刀落间的“细致”以及创作过程中的“胆大心细”。但是要做到这四个“细”，没有对沉香深刻的认知和了解，没有长期的日夜沉浸，心摹手追，没有建立起与沉香之间的某种超越思维意识的沟通是绝无可能的。所以古往今来几乎所有的沉香雕刻家，每每在获得一块沉香之后，都会与之久久相视，相互反复揣摩，直到雕刻者将沉香纹路、肌理及油线分布的每个细节，深深地印刻在自己的脑海，直到这块沉香向雕刻者完全“敞开心扉”，把自己的个性和特质毫无保留地展现在雕刻者面前，雕刻者才能从沉香那充满馥郁芬芳的灵魂中看到它未来的模样，才敢徐徐落刀。

但是，随着二十多年来持续升温的沉香热潮，当代沉香雕刻作品的数量和质量都远超历史上任何一个时期。毫不夸张地说，沉香雕刻艺术是到了当代，才逐渐脱离了竹木牙角雕刻的附庸地位，有了自己在中国工艺美术史上的一席之地的。中国的绘画和雕塑自古就有“应物象形”的传统。“象形”二字在传统的沉香雕刻作品中表现得尤为突出，形上的功夫下得很足，以至于单从技术层面看，其雕工之精巧往往让人叹为观止。然而凡事过犹不及，这种过分体现“工”的精巧之作难免落入“匠气”的窠臼。殊不知“应物象形”四字中“象形”是目是末，“应物”才是本是纲。那么何为“应物”？应物即与物相感应。感应即是“心领神会”，以雕刻者之心领物之“气韵”，以雕刻者之神会物之“意象”。以此来引领“象形”之工，方能本末有序，纲举目张，得古人“应物象形”之真义。故沉香雕刻作品的真精神当在“刀工意写”四字中感受从作品的每一个细节到整体所迸射出来的精神内涵。就全世界范围而言，貌似也只有中国的藏家才对沉香雕刻作品特别醉心，包括中东、日本等地的沉香收藏家们都以收藏沉香原材料为主。这也意味着中国的沉香收藏家拥有全世界最高水准的沉香艺术品鉴赏力和购买力。在这样强大的需求的推动下，几十年来，涌现出了不少技艺精湛、艺术风格鲜明的顶尖沉香雕刻艺术家。其中，福建莆田是最早孕育出沉香雕刻艺术家群体的中国传统木雕之乡。时至今日，莆田的沉香雕刻艺术家群体的人数最多，艺术风格体系最丰富，影响也最为广泛，且出现了不少蜚声海内外的沉香雕刻大师。近年来又有徽派、浙派等派沉香雕刻艺术家凭借着各自具有鲜明艺术特色的“绝活”而声名鹊起。国内沉香雕刻领域呈现出了史无前例的流派纷呈、佳作斗艳的局面。

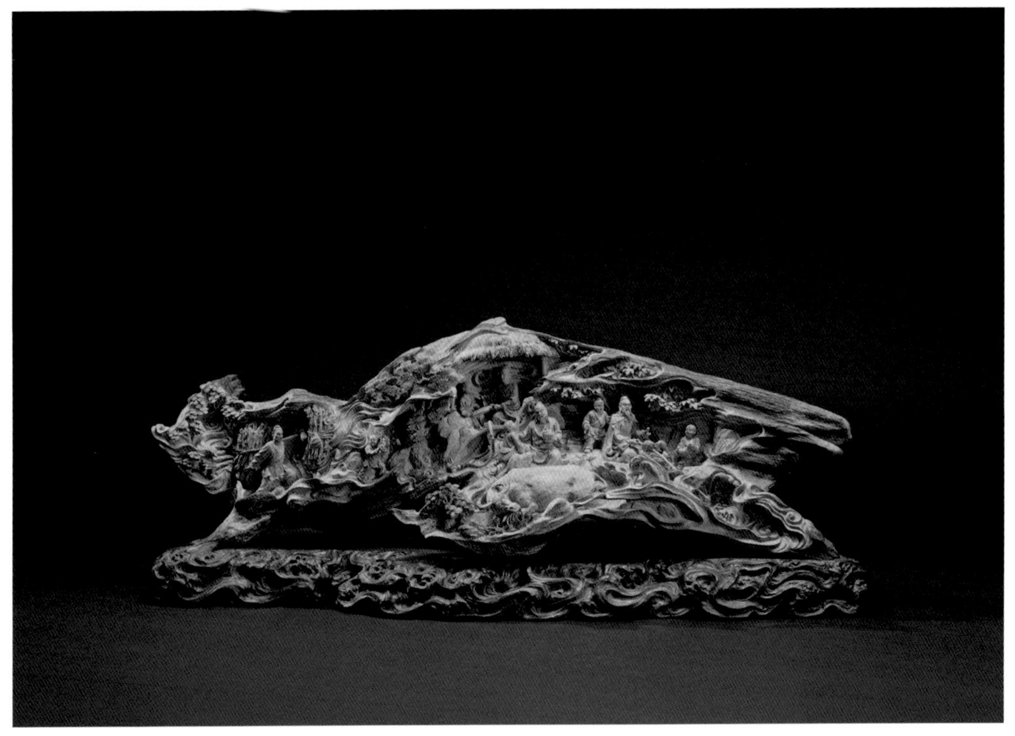

渔樵耕读　李凤荣

这件沉香雕刻《渔樵耕读》，作者是1963年出生于福建莆田的木雕艺术世家，李氏雕刻艺术第六代传承人的中国工艺美术大师李凤荣。整件作品由一整块黄熟香雕刻而成，题材和雕刻手法都体现了典型的传统木雕精髓。整组画面用高浮雕技法，刻画了溪边渔夫、山中樵夫、田边耕者、茅屋读书四个场景，彼此之间既各自独立又相互关联，像是一幅生动的山溪隐士全景图。人物、背景的小巧精致与场景构图的篇幅巨大形成了鲜明的对比，望之若仙境在前，让人叹为观止。

秋水神玉　吴元星

这件由福建省工艺美术大师吴元星以马泥涝沉香雕刻的《秋水神玉》是一件“精巧以显其神”的作品。所雕刻的兰花与山石以中国画工笔的形为底稿，并参照实物，使其立体化。兰叶秀逸的姿态刚柔并济，劲力内蕴的精神则是在写生基础上的意象再造。其中对叶脉和叶片卷舒的细节处理，乍一看就似精工写真之作，但细看则是意在工先的神来之笔。所雕沉香山石外形逼真的程度更是丝毫不弱于配景中的真实山石。

观此作品穿凿雕镂的特点，大致可以想见其原料应是一块材质不均、油木相杂、多有中空的沉香。这类原材对寻常工匠而言要么弃之不用，要么直接切除中空部分仅留实心处再行雕刻。而吴元星则巧妙地运用了材料本身“透漏中空”的特点，变劣势为优势。故取老杜“秋水为神玉为骨”诗意以名之，诚的语也！

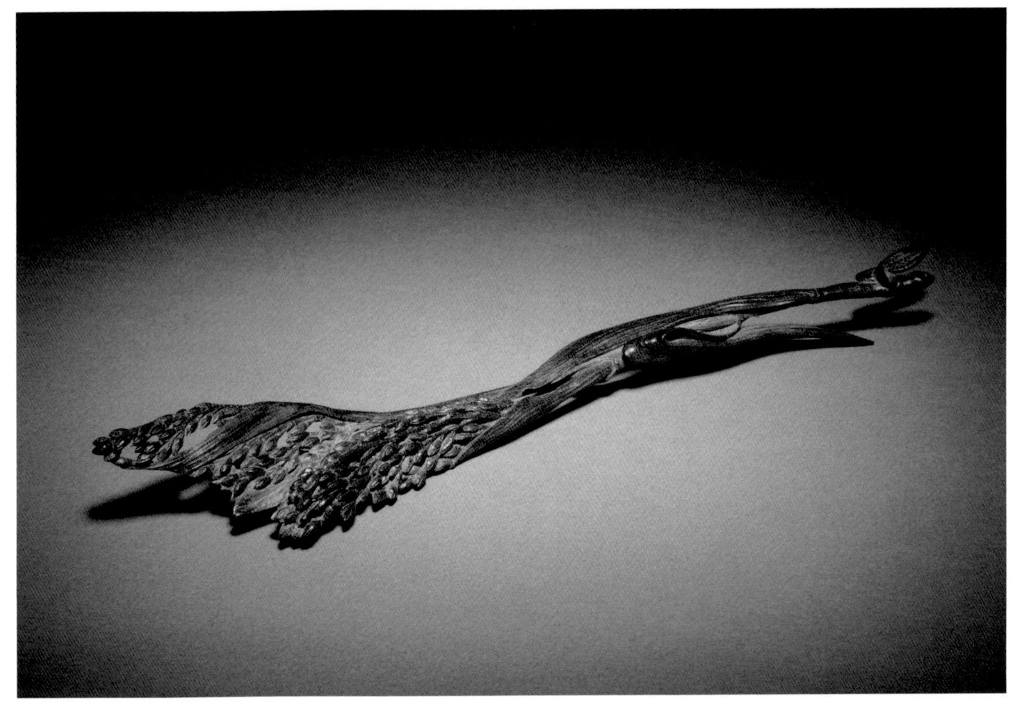

嘉禾重颖　郑尧锦

《嘉禾重颖》作者郑尧锦是安徽省工艺美术大师，徽派沉香雕刻的领军人物，1972年出生于徽州。郑尧锦的沉香雕刻秉承了徽州传统雕刻艺术精巧儒雅的特色，在此基础上，形成了具有鲜明个性的艺术语言。他在一片极薄且扭动到几乎完全不具有可创作空间的沉香上，表现禾叶和谷粒的肌理脉络。纤细的枝条，细碎的谷粒，薄片状的禾叶，它们的个体体积虽然都可谓细小，但它们却又组织出了一个庞大而丰富的造型结构。材质的纤薄与表现力的丰富就这样在一块沉香上达成了完美的对立统一。而细节处理上，叶脉的丝纹机理更是作者“顺丝”雕刻理念的直接体现，也给这件沉香雕刻增加了精彩美好的一笔。作者一改徽派沉香雕刻将细碎的沉香攒斗在一起，成体块后再作雕刻的手法，使这件沉香雕刻作品问世后便倍受赞誉。

古梅笔筒　江晓

沉香雕刻作品《古梅笔筒》，作者江晓，1974年生于福州，福建省工艺美术大师，1993年毕业于福建工艺美术学校雕塑专业。这件作品用高浮雕和镂空雕的手法，凸现了一株虬根暴露、半身残损的古梅，尽管伤痕累累，却依旧傲然兀立。一束新枝横逸而出，朵朵梅花生机凛然。沉香是枯木中孕结出来的天地精华，梅花要经风历雪始绽芳华，两者的精神气质又能完美贴合。形象的共生，意象的反差，精气神的融合，这些都是这件作品让人越看越喜爱的原因。

这四位深受藏家好评和喜爱的沉香雕刻艺术家是当代中国沉香雕刻艺术家群体的一个缩影。如同这四位艺术家正值创作的黄金时期一样，中国沉香雕刻艺术也正处在其发展与成熟的黄金时期。随着80后、90后年轻一代的加入，沉香雕刻也将会被注入新的思想和活力。

珍藏密敛

中国当代沉香收藏市场的形成，大概只有几十年的时间。据广东老一辈香农所称，进山开采沉香是祖辈传承的职业，挖到的沉香资源就像农民种植的粮食一样被运到市场上出售，多数作为药材和香料被药行、香料店收购，其成交的价格也是非常低廉的。对于香农而言，所挖到的沉香只要能换回足够的生活费用便可，很少会有香农把它当投资品保留下来。

随着中国经济的崛起，人们收入增加，生活水平不断提高，对物质的追求也日益多元化。这些年，在一些收藏家的追捧下，沉香价格节节攀高，几度飙升。正如收藏界所说："红木论吨卖，黄花梨论斤卖，沉香则是论克卖。"从2009年开始，天然沉香价格呈现出惊人的涨势，就普通沉香生结和熟结的价格来说，2012—2013年间就翻了两三倍。用于制香的越南沉香边贸价格在十年间涨了20倍之多，由2002年的6元/克涨到了2013年的120元/克。2012年相关数据显示，较好的沉香在国际市场上的价格为每千克9,509—705,173元人民币，收藏级的沉香原料价格每千克已达百万元以上，顶级的棋楠沉香原材料从2010年之前的每克几百元，涨到了现今的每克一万多元。2013年沉香油的国际报价为每千克约76万元人民币。沉香的工艺品价格更是增长神速，一般能沉水的手串价格都超过了10万元，一串棋楠手串的价格过百万元，有名气的雕刻家雕刻的艺术品，每克价格约数万元。

什么样的沉香值得收藏

好沉香一定不便宜，没有足够的经济实力，买一点沉香玩一玩可以，奢谈收藏就大可不必。满足以下几个条件，就可以思考如何迈出沉香收藏的第一步了。

首先看产地，要坚持物以稀为贵的原则。根据产区的不同，沉香的价值也会有所不同。不同产区的沉香不仅香味不同，产量也大有不同。产量越稀少的产区所产的沉香拥有的价值越高。珍稀产地所产出的高品质沉香要比普通产区的高品质沉香更有收藏价值。

国产沉香由于产量少，且香味较佳，因此市场价值较高。抛开沉香本身油脂、香味、密度、形成等因素，国产沉香的价格最高的是海南沉香，其次是香港沉香、广东沉香。

国外沉香的收藏价值最高的是印度野生沉香，其次是柬埔寨菩萨和越南、缅甸、老挝、文莱、印尼等区结油高的大料。越南产区中又以芽庄为最佳，而文莱、达拉干、马泥涝、加里曼丹等小产区的产区价值也很大。相对而言，其他产区的产区价值稍低一些。

其次看材料的新老，坚持宜老不宜新。收藏沉香，一般尽量不追求新料，而要选择一些已经放置一段时间、内部多余水分已经分挥发干净的老料沉香。原因在于老料的重量稳定，味道也更加醇厚。在这个问题上，尤其是要打消贪便宜心态：感觉新料便宜，老料贵，花一样的钱买新料更多更划算。这种心态是收藏沉香的大忌。

再者看品质，坚持多熟少生，能沉尽量沉的原则。熟香比生香更为珍贵，也更受藏家们的欢迎。而一块沉香含油量的多少是它本身价值最重要的体现，是否沉水是其价值的衡量指标。在市场上，一块沉水沉香的价格是其同品种、同产区不沉水的2—4倍。所谓沉水，并不是指香体大部分沉入水中，而是指一块香体入水即可全部沉入水底，而且试水前一定要注意是否干料沉香，较干的沉香才有试水的意义。

还有就是形状与大小。尽量选择直径较大、较为厚实的香材，这样的香材可塑性强，可雕刻，也可车珠子。另外，相同品质的沉香，越大、越沉，价值就越高，因为大块沉香所需要的结香时间要远远大于小块沉香。

最后也是最关键的，就是香味。沉香的独特性在于其香味，由于其形成形式多样、生成环境各异，每一块沉香的香味都与众不同。好香情感醇厚，气味纯而不杂，凝聚力强，扩散力好，能让人从感官上得到非常愉悦的享受，回味不尽。但也并不是每一块沉香都会有很好的香味。有些沉香由于理香不尽，会有一些杂乱的气味影响本身香气。有些沉香由于本身年份不足，香味生、凉有余而回味不足。有些沉香水汽过重，令人有晕香的感觉。还有一些熟香因为时间过久，又没有妥善保存，会散发出霉、腐的气味。一块沉香的香味对其价值的影响是十分巨大的，也是判断是否具有收藏价值的主要依据。

除了直接收藏沉香香材之外，沉香首饰、雕件等手工艺品，也是沉香收藏比较好的方式。收藏沉香首饰、雕件，首先要看的是所用材料的品级，这一点直接影响着沉香艺术品的收藏价值。其次是品相，作为收藏的沉香艺术品，品相无疑是考量的重要指标。如果品相不佳，缺乏艺术性，即使材料再好，其收藏价值也会大打折扣。最后看雕刻者是否为工艺大师，沉香艺术品的作者如果并非大师，那么按照收藏圈的惯例，雕工只会给这块原材料减分。而如果是大师作品，这件艺术品的含金量就会大大提升。

尤其现在真伪难辨，想要收藏沉香，就一定要用心研究，跟学功夫一样，要跟真正明白的行家学习，才不会空费光阴。

研究沉香的重点是从每个产区的上等品相入手，才能清楚掌握每个产区的沉香特点；先确定参考标的，才不会迷失方向。因此千万不能从一般制香用料入手，以免被先入为主的经验蒙蔽，对各产区的特色产生误判。因为好产区的沉香味系，清楚稳定。像越南芽庄壳、土沉、棋楠，味道独特，很容易辨识。印尼产区的味系较杂，很容易混淆，例如加里曼丹既有惠安的甜韵，又有马来的特色；马来沉香与越南沉香又有少许相似之处。若非见多识广的行家，很难分辨清楚。

只有拥有了丰富的常识和敏锐的辨识能力，才能在选购沉香时立于不败之地。

一、辨别香气

沉香最珍贵者为其“香气”，若无香气，或香气刺鼻，质地再黑、分量再重，也只能视为普通木头。

二、油脂比重

就相同等级的香味而言，通常以入水能沉者为佳。

三、含水比重

指香木的干燥程度。因为含水量多的沉香易失重，而且质量不稳定，非行家不宜入手。

四、是否成材

任何产区的沉香，若有质有料，成丰厚油块状，能用于雕刻、把玩或车珠，必为该等级之佳品。

五、天然造型

好沉不雕刻，若有自然造型且自成一格者，在相同品相中自然略胜一筹。

六、产区与产地

不同沉香产区之间区别较大，而人的嗅觉又是非常主观的感觉，对不同产区沉香气味的喜好因人而异。另外，原生品种的沉香气味一般要优于杂交品种，这也是选择收藏沉香的一个重要指标。

七、用途与需求

选择沉香需依个人不同的使用目的而选择相应产区、种类与品相，方能符合最大的效益。例如用于煎香者，棋楠是最佳选择，但价格十分昂贵，若选择一般块状沉香又必须切削成片状，十分费力费时，所以煎香或焚香以香港、海南与越南芽庄所产沉香为上等，甚至用来泡茶、泡酒都十分适宜，品级仅次于土沉与棋楠。但若用来当手珠材料，软丝棋楠就不太适合，佩戴时有黏腻不舒服的感觉，且容易藏污纳垢，不如选择中南半岛地区或印尼熟结为佳。若要作为线香用料，越南红土碎料与中南半岛地区的碎片等皆为上等香材，味道好又符合经济效益；棋楠线香虽好，但一般人很难分辨它香气变化的细腻层次，必须深谙其道的行家才有收藏的意义。

沉香的保存与保养

沉香因长年暴露在深山沼泽林野之中，且天性即有抗菌之质，所以保存十分容易，但须注意以下几点。

一、勿与有味道的物件或器皿共同存放，例如不宜放在抽屉、橱柜中，以免沾染杂味。最理想的收藏方式是自然阴干后置放在干净无杂味的陶瓮、玻璃罐或塑胶保鲜盒中。

二、勿置放于阳光直接曝晒的地方。保存的空间务必讲求空气流通且无杂味。

三、新购置的沉香若含水湿，非干燥沉香，可用干布包裹自然阴干约五年至七年，不可直接风吹或日晒，以免干裂或质变。待质量趋于稳定，方能密封，以防止发霉质变。

四、勿长久置放于冰箱内。有些人因怕沉香失重而长久保存于冰箱内，这是错误的，特别是棋楠。

五、若沉香沾染异味时，可泡清水三十分钟，再取出阴干。反复至涤尽杂味，再置放于同气味的沉香粉末中，自可恢复原有的芳香。

因为沉香油脂会散发出自然的味道，而藏家和市场上最认的也是味道，因此味道是体现一件沉香价值的重要因素，如果沉香在保养的过程中产生其他杂味，那价值也会降低。另一方面，沉香是木质和油脂的混合物，而且材质与其他硬木类相比相对较软，因此当代沉香制品很多都是脆弱易损的。所以在收藏沉香串珠、挂件等小件藏品的时候，一定要注意不要形成磕碰、划伤等物理伤害，因为这样的伤害在一定程度上会影响一件沉香藏品的价值。

观　香

◎　以香合道

◎　意趣精微

◎　品香方式

观香

四般闲事

以香合道

宋代是中国人用香史上的“巅峰时刻”，而成就这一“巅峰”的原因除了王公贵族、达官贵人们用香的奢华之外，更主要的则是文人士大夫普遍爱香成风，以烧香“为士大夫之清致”，将用香之事从日常生活提升至艺术境界。以苏东坡、黄庭坚、洪刍、陈敬、叶廷圭、丁谓、范成大等人为代表，他们或是痴迷于用香之精妙，或是借香以唱和学问，又或是以香来抒发性情。他们填词赋诗歌颂好香给他们带来的极致精神享受，撰文著书详述香料、香品的来龙去脉、前世今生，还亲自设计和改造用香工具，耗时费力，只为求得香中至味。在文人士大夫的推动下，“品香”与“点茶”“挂画”“插花”这三件原本的生活琐事，一起成为风靡整个社会的“四般风雅闲事”。《梦粱录》所载北宋汴梁民谚曰：“烧香、点茶、挂画、插花，四般闲事，不宜戾家。”“戾家”者，外行也，意思是这四般闲事外行万万做不得。何以故？一来，这四般虽名闲事，可是操办起来却靡费资财，外行操办，费钱费力，得不偿失。二来，这四般虽名闲事，可是操办起来一举一动，一个细节都极见精神，外行操办，极易露怯，徒增笑柄。这就是宋人的生活之美，物质上的极致精美，精神上的极致清雅淡泊。在宋人几乎完美地平衡了香的物质属性与精神属性后，中国人的用香历史就跨入了一个“以香合道”的全新境界。

意趣精微

与饮茶之事一样，中国人的用香之事经由僧人之手东渡到了日本，日本在室町时代后渐渐形成了具有其自身特色的“香道”。近代以来日本的香道已发展到100多个流派，但大体可以归类为“御家流”与“志野流”两大体系。其各自特点简而言之，“御家流”是贵族流派，图风雅，重气氛，香具豪华，程式繁中求柔；“志野流”是武士流派，重精神修养，香具简朴，程式简中有刚。日本香道在很大程度上弱化了对气味本身的审美，在对于美好气味的追求上远不如中国人。也许是无法欣赏“错综复杂”之美，喜好简洁的日本人把沉香那千变万化的美妙气味简单地分成了所谓的“六国五味”。根据香中树脂的质与量，沉香分为伽罗、罗国、真那蛮、真那贺、佐曽罗、寸门多罗六等，名曰“六国”；根据香质与味道，沉香分为酸、甜、苦、辣、咸等“五味”。以至于在日本香道仪式中几乎品闻不到什么绝妙好香。据说即

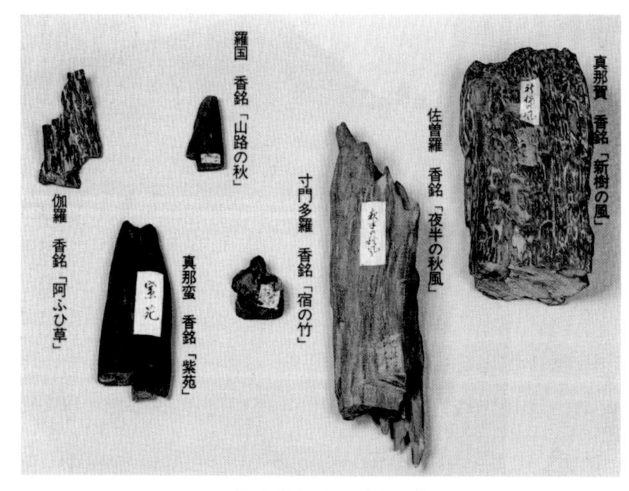

日本香道之“沉香六国”

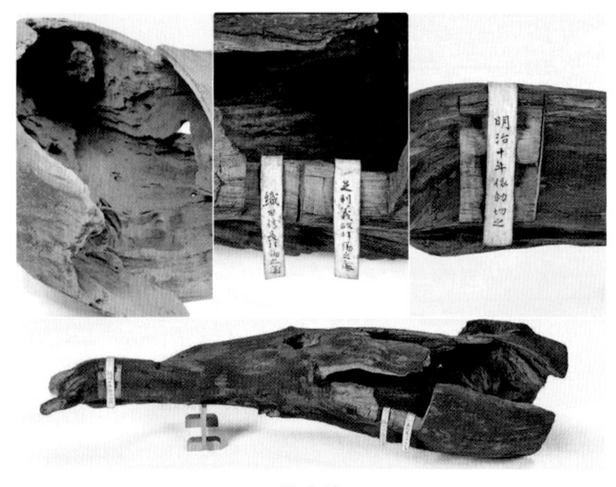

兰奢待

使是在日本被视为国宝的“无上妙香”——兰奢待，就其香材质量而言，至多也只能达到黄熟香（沉香中结油率较低，木质含量较高的中低档香材水平）。相对于香气本身，日本香道更注重仪式感，讲究形式美，重在通过对香道演示过程中仪式美的感受，催生内心体验。而宋代以来的中国人用香之事，不仅十分关注香料、香材、香品的优劣，以及香味本身的韵味，同时也重视香具与香品的匹配。不过这一切都有一种精心安排过的随性，不太讲究仪式感，更没有什么固定的形式。它重视香对身心的陶冶与养护，养生、养神、审美三者兼得。整个过程体现的是中国文化的深邃、委婉、含蓄，是一个天人合一的过程。

有人或许会问，是不是因为古代日本不易得到沉香，而古代中国不但地大物博，自己产香，而且海外贸易发达，海外名香也得来容易，所以才造成了中日两国用香之事有如此大的差异。其实造成这个差异的原因是有不少，但主要肯定不是上面说的这个原因。因为，宋代以后沉香对于中国人来说也是得来不易。

宋代海外贸易发达，名贵香料贸易额巨大，香料进口由官府垄断，国内香料行业实行官府特许经营，专业化程度极高。香料充足，生活稳定，焚香自然成了百姓日常必需之事。元兵入侵，一夜之间原有的经济文化生态全部打乱。经过元末的战火纷飞，好不容易国家再归一统。雄心壮志的洪武帝朱元璋一心接续唐宋，恢复华夏典章衣冠，眼看用香之事即将恢复到宋朝那般繁荣。可是就像时下的流行说法那样：不出意外的话，意外就会马上降临。

洪武二十七年（1394年），明太祖颁布《禁用番香货》令，禁止沿海居民出海，从事番香、番货贸易，家中凡有番香者，限三个月销毁。同时规定，“民间祷祀，止用松柏枫桃诸香”，凡是进口的番香一概不许用，违者重罪之。至于两广本土所产香料，地方人士允许自用，但考虑到贩卖的话很有可能夹杂番香，所以“不许越岭货卖”。

自此，除了有皇家进贡外，民间要想得好香就非常难了。好香虽然少了，焚香却不能

古画中的宋代印香

古画中的宋代印香细部

停。为了不降低用香之事的品质，聪明的明代文人士大夫香家们，慢慢摸索总结出了一套堪称“精微”的品香法来。先是精简香品。宋人用合香，动不动就要十来种名贵香料，每种香料的剂量还不小。明人就简化合香配方，但配方简化了合出来的香不好闻呀，那就不要“合香”了，咱们就闻单方香。这下问题就简单了，单独闻起来不甚好闻的通通不要，如此一来就去掉了一大半香料品种。闻起来味道不错，但是变化少，韵味不足的，那就往后面排。这么一来二去，最后胜出的就是沉香。可沉香还是难得呀，那就减量，宋人的“烧香有气势”那是万万使不得了。在得一片都不容易的情况下，就尽量小吧，只要能保证闻得出沉香的气味特征以及它的微妙变化就行。

其次是改良香具和用法。宋代的印香太大了，动不动就能点一整天，太费香。印香板也太笨重了，改成篆香板，小小的板看着还可爱，细细的缝道别提多省香料了。不是说简化了的合香不好闻吗？篆香板改小了，香粉的用量小了，好像也不难闻了。以前的香炉太大，硕大的香炉里放着一小片沉香，实在不成比例，美感全无。再说了，炉子大用的炭也大，炭大了炉温就高，炉温一高，小片的沉香放上去，“滋溜”一道烟，香就成了黑炭了。所以炉子、炭块都得改小，小炉子放在桌上秀气，握在手里雅致，冬天还暖和。还能把炉子端起来凑到鼻子尖底下闻香，这样一来，即便是最最细微的香气变化都能闻到，那才是“物尽其用”的品香至道。

不过沉香直接放在炉灰上，炭块烤着，炉温不均匀，时不时还是会把沉香给烤煳了。所以得在沉香和炉灰之间加隔热层，把炭块的急火变成文火，小火慢煎，这样出来的香气才更有韵致。时人用破砂锅、旧瓦片，反复研磨成小片，导热均匀又透气，还有山林野逸之趣。小金块、小银块，千锤万揲打成金片银片，不但导热均匀，还能去除香材里的杂味，让香味变得更加柔美，更有富贵之象。

古画中的炉瓶三事

最后，再给小香炉配个精制的小香盒，里面放上小小的沉香碎块。宋人的香盒太大了，配小香炉不协调，更放不了那么多香。夹炭夹香的香箸、整理炉灰的香匙也一并改小，再弄个缩小版的匙箸瓶。于是，明人用香之事的标志性物件“炉瓶三事”闪亮登场。由明至清，乃至现代，这样一套外观优雅，实用性强，既能做陈设装饰，又能用以品香实操的香事标准器，不但广受欢迎，而且逐渐成了中国人用香之事的标志性“符号”。

品香方式

纯味与合香：中国自古多以复方之合香用之，单方纯味的品香方式大抵开始于宋代。明代中期以后，由于海禁的关系，香料贸易大幅度减少，大合香越来越不易办到，于是品单方纯味香品便开始逐渐流行。品纯味香，基本只限于品评沉香，因为沉香味道丰富，其气味极富变化且相当宜人，是一味身心同养的上品香材，其他香料再名贵也很少有纯味品评的。

历来文人品闻沉香，讲究“静心契道、品评审美、励志翰文、调和身心”，偏重形而上的道的层面。关于这方面的论著，历代不乏佳作。所以我们姑且先抛开那些如何品香来静心契道不讲，下面分享一些品评沉香方面的真实体验。

品闻沉香，是每一个爱香人的日常功课。我们将品香日课与二十四节气相结合，连续数年跟踪记录了每一个节气不同产区沉香的气味、韵味的变化。

合香，除了纯味品香，还有合香的品鉴。沉香的合香有两种概念：一是将不同产区的沉香，按照取长补短的原则进行配伍，做出一种沉香合香来；二是按照香方配伍的方式，将不同的香药调配在一起合成一种复方合香。传统合香最常见的形式就是做成蜜香丸。

蜜香丸的制作大致分为四大工序，即炼蜜、制丸、挂衣、窨藏。

二十四节气品香记录整理笔记：不同节气不同产区的沉香香韵变化

春分到夏至这段节气中，星洲系沉香的辛辣感处于慢慢递增的一个阶段，还是以甜蜜感为主导，所以这段节气国香系列或惠安系列的发香会比星洲系列更胜一筹。

夏至到秋分这段时间的沉香，不分哪个产区，都是挥发最为充分的一阶段，品鉴时的感受中清净感特别明显。特别是星洲系凉中带辛、麻、蜜甜、奶甜，变化层次非常明显，持久力也特别强。所以这段节气星洲系的沉香表现会更突出。不过这个阶段的发香虽然优点明显，但也有缺点，因为物质充分地挥发，会把一些不好的浊气也一同挥发出来，影响了整体香韵的干净度。

秋分到冬至这段节气，沉香中易挥发物质已经开始部分收放，其中的辛辣感、清凉感明显减弱，所以香韵比较闷重，不够通透。

冬至到春分这段节气，沉香中的易挥发物质较为均等，总体的气韵以甜为主，且比上一段节气的气韵干净。所以这段节气国香系列、惠安系列以甜为主的香系发香会更稳定，且持久力也较好。

从二十四个节气品香的记录中不难发现，星洲系的沉香中易挥发物质比其他系列中的易挥发物质总体来说要丰富。

如果单纯地品鉴沉香，夏季宜品星洲系列带凉感的香品，冬季宜品国香系列或惠安系列带甜感的香品。

印度沉香的易挥发物质也是非常丰富的，因为其香韵的层次感非常明显。但立秋之后，它的持久性就变得非常弱，所以它也适合夏季品鉴。

根据这些年的品香记录，夏至到秋分这段时间的温度一般都在20℃以上，湿度一般都在60%以上，由此得出发香好的温度应控制在20℃以上，环境的湿度应控制在60%以上。

炼蜜：炼蜜香丸制作时，绝大多数是以蜜为黏合剂，主要是起黏合和防腐之用。炼蜜就是将蜂蜜加热，去除蜂蜜中的水分，使香丸更易保存。

而日本的香方喜欢加入梅子醋和生蜜，含水量比较大，容易发霉，所以日本的香丸加入了炭粉以吸去多余的水分，防止发霉。

没炼过的称为生蜜，炼过的蜜称为熟蜜。熟蜜颜色会变深，但蜜加热太过会变得浓稠，合香时不容易混合均匀，所以加热到什么程度是炼蜜成功与否的关键。

捣香制丸：捣香工序最重要的指标有三，一是所捣制的香材要粉末均匀，二是蜜与香粉要结合良好，三是控制香丸干湿程度。

捣制好的香药粉末放入已置蜜的瓷盆内，混合搅拌使其均匀至干湿合适，形成蜜香团，再放到石臼用木杵舂捣。

这个工序很像揉制面团，搅拌揉制后，将香团分割成条，揉捻成丸状，至表皮有光泽为止。然后再放置通风处阴干，香丸的制作至此初步完成。

挂衣：在香丸表面进行加工，称为挂衣。初成的香丸色泽单一，挂衣的主要目的是让香丸可以呈现不同的色泽，增加美观，或者在此时加入比较珍贵的香粉末，以控制成本又兼具气味的多样性；同时也可以减少香丸初成后产生的蜜糖潮气。

窨藏：合香的制成需要收贮一段时间，传统称之窨藏。窨藏时间少则数日，多则月余，全由香方而定，此即今所谓熟成或陈化期。

一般而言，经过陈化期的熟成，香丸便能改善初合成时粗糙未定的香调，使气味更加均匀，同时调整干湿程度；此外，为避免新合香之香气走泄，香丸应贮放在不见光、密闭性良好的罐子里。

现代环境与古代大不相同，要埋于地下或掘地藏之，恐怕很难。故只需以干净的容器盛装，避免密闭过潮而发霉。

篆香与线香：篆香是我国具有悠久历史的品香方式之一，早在在唐代就已出现，宋代更是达到巅峰。

篆香，也叫拓香、印香，即在焚香的香炉内铺上一层香灰，将香篆置于压平的香灰上，把香粉填入香篆内并刮平，取出香篆，点燃印成篆文形状的香粉即可，香粉字形或图形绵延不断，一端点燃后循序燃尽，俗称“打香篆”。

香篆可谓是一门优雅的生活艺术，反映了古人的聪明巧智和审美情趣，各式各样的篆形图案，表达了古人对生活的美好期待。

印篆香的模子称为香篆。据宋代洪刍的《香谱》载：“香篆，镂木以为之，以范香尘。为篆文，燃于饮席或佛像前，往往有至二三尺径者。”其中，“篆”是香的形状，“打”是制香的过程。

香篆的制作材料很多，古时多用木头，现代多用亚克力、铜、合金等。

香篆的纹样有很多，如生肖图案，“福、禄、寿、喜”字，以及梅花、莲花、祥云、八卦图案等，大多是吉祥、祈福的寓意。

篆香还称百刻香，用作计时。在唐宋时期，古人将一昼夜划分为一百个刻度，曾用篆香来计时。宋代诗人陆游有诗曰“杏梢红湿昼初长，睡过窗间半篆香”，即体现了篆香计时的作用。

元代著名的天文学家郭守敬就曾制出过精巧的“屏风香漏”，通过燃烧时间的长短来对应相应的刻度以计时。这种篆香，不仅是计时器，还是空气清新剂和夏秋季的驱蚊剂，在民间广为流传。

篆香是修身养性的绝佳之法：看似简单的篆香，却需要非常繁复的工序。打香篆既是一种乐趣，也是凝练心性、修身养气的高级休闲方式。在打香篆的过程中，人们需要精准地把握好分寸和力度，粗心打不了篆香，烦躁时也打不出精美的篆香。唯有细心、静心、耐性，方能打出完美的好篆香，感受到香的无穷魅力。

线香，最晚在北宋时期就已经出现。苏州虎丘云岩寺塔地宫出土的北宋陶钵式炉中所插檀香木，通体雕刻出类似一束线香的造型，一端用朱砂染色，似乎是代表点燃的状态。这一出土实物被认为是北宋时期已出现线香的证明。线香燃烧时间比较长，所以又被称为“仙香”或“长寿香”，古时候常见寺庙以线香长度作为时间计量的单位，因此线香也被称为“香寸”。

最早有明确记载线香制作方法的典籍是明代李时珍编写的《本草纲目》。根据其中记载来看，古代线香的制作工具和制作方法与我国北方部分地区的传统面食合罗面的制作工艺十分接近。其制作过程几乎没有秘密，是个极其传统、极其简单的手艺活。任何人在有香粉、粘粉、纯净水的状态下，甚至不需要借助任何工具，就可以制作出一支很棒的线香。核心的秘密只有两点，原料是否足够高级与纯净，配比是否妥当合理。

专业制作线香一般分为七个步骤：原料分级，清洗，合香，制香，测试，包装，储存。但顶级的线香不能在制作完成后立即使用，需要存放一段时间退粘和醇化，否则即便是用顶级香料做出来的香，近距离闻也会刺鼻。精心制作而成的各类线香，韵味高雅，使用方便，是居家养生的首选。熏烧时，线香的有益物质得到充分的释放，与香插、香盒等多种器具搭配使用，既简单又美观。

线香使用方便，但品闻线香却也有一定的方式。

一、不要离得很近，鼻子凑着线香去闻，这样只会闻到很多杂味。

二、明火点燃的线香，先出现的一定是烟味，这个时候不适合立刻去闻，否则闻到的是烟味而不是香味。

三、承载线香的香炉或香盒，摆放位置不要过高或过低，以摆放在低于头部或与胸部平行的不显眼位置为宜。

四、线香在香炉或香盒内摆放好，等一分钟左右，香气会随着香烟飘逸而出，这个时候可以在顺风位置品闻飘过来的香味，也可以手为扇引导香气过来。

五、保持品香环境的透气性，但不要过于通风，既要让香气自然飘逸扩散，又不要因过于通风而使香气转瞬即逝。

最后提一下线香的一个变种，即盘香。两者一是造型上的差别，二是粘粉含量的差别，盘香粘粉含量一般要比线香高。盘香的出现主要是为了延长线香的燃烧时间。

煮香：明人周嘉胄在《香乘》中记录的一则“煮香”是利用隔水加热的方法，“香以不得烟为胜。沉水隔火，已佳；煮香，逾妙。法用小银鼎注水，安炉火上，置沉香一块。香气幽微，翛然有致”。这一段文字的意思就是沉香置于隔火片上的效果固然很好，但还是比不上“煮香”之妙。

至于煮香的具体方法，则是在安排好炭火、香灰的香炉当中架设一只迷你银鼎，鼎内注入适量清水，然后把一块沉香直接放在水中。如此，炭火慢慢将鼎中水加热，热量再传递给沉香块，促使其香挥发。经过水的中介，香块避免了火力的直接熏烤，没有焦煳之虞。因此，其效果更接近今日香精油的效果，芬氲微淡而持久，润而不燥。

煎香：清初人屈大均的《广东新语》里记载了一种所谓“煎香”的方法，就是借助水来消灭品香中的烟气。虽然名为煎香，但其实仍然遵循了爇香的经典程序，即将香片置于隔火片上，接受来自隔火片下炭火的熏烤，只是事先要让香片受熏的一面沾少许水。沾水后的香片变得“滋润”，也就不容易烤焦，这一方法虽然简单，但“香一片足以氤氲弥日”，一片香料就可以在炉中散香一整天，效力持久。

熏香：古代一般有贵客上门时，主人都会拿出自己珍藏已久的香材，熏香待客。隔火熏香是一种很考究的用香方法，不直接点燃香品，而是以专门制作的香炭块为燃料，用在香灰中埋火炭、打火孔、置云母片的方法，通过“隔片”炙烤香品。此法既能免于烟气熏染，又可使香气释放更加舒缓、温润，韵味悠长，故深得文人雅士的青睐。“隔火”熏香在唐代已经出现，宋之后较为流行。

这种方法所用之沉香多数是品级较高的，如棋楠、海南熟香等皆有。品质差者，不宜直接以原香为品香之物，则多制成粉、线、盘、塔之类的合香，直接用来焚用，明火燃之虽有烟出，而其香亦易随之而出。

焖香：搅松香灰之后，用香箸扎一个较深的洞，用香匙舀起一小勺香粉，放入灰洞。然后将香粉点燃，迅速自洞边拨香灰覆盖上，但不要全部覆盖，千万记得要“留头”，否则出香时会带有灰味。此为“焖香”。

焖香炉必须用深炉，大约七到十厘米深，太浅不足以灰焖，太深保暖性不足。香气通过香灰而溢出，烟气甚小，甚至无烟，燃烧更缓慢。焖香是一种最考验用灰功夫的用香法，必须持续照顾那一炉灰，以保持焖香状态。

焚香：焚香是直接将沉香点燃使香气飘散开来的品香方式，目前主要流行于阿拉伯地区。因为要用高温直接点燃沉香，所以对香材品质要求就比较高。首先，香材油脂要丰富饱满，这样点燃时才能避免香材中木质燃烧的杂味影响品质。其次，选择充分干燥的香材，软丝质地的，包括棋楠在内，都不太适合焚香。这是因为后者焚香时出香的速度快，会导致香材已经焚烧殆尽，香气却还未得到充分散发。

香具对香的影响：随着用香方式的变化，香具在不断改进。从唐代开始，香具就呈现出越来越专业化和成套化的趋势。宋代以后，香具从样式到类型都已基本定型。随着用香水平的提升，以及用香技巧的不断精微，明代以后精于用香之道的工匠、文人对香事器具及其用法进行了一系列的总结，形成了后世用香的规范。其中尤以明代初期“臞仙”朱权的《焚香七要》和明代中期著名戏曲家屠隆的《考槃余事·香笺》最具代表性，也最为精妙。两者文字内容乍看十分相近，但当我们将其中的每一部分仔细对比后发现，相似的文字背后透露出来的却是由香料品类的变化以及不同时期、不同审美情趣、不同生活追求所导致的对香具的不同要求。换言之，香具在适应香料，让香料更好地散发美妙气息的同时，还要适应不同时期人们的生活方式和审美诉求（以下香具均由孙庆荣、吴英娜收藏）。

两晋　飞鸟纹青瓷薰炉

唐　越窑宝花纹青瓷薰炉

宋 耀州窑划花行炉 宋 耀州窑划花香盒

元 龙泉窑梅子青香箸瓶 元 张公巷窑青瓷三足炉

明初·朱权《焚香七要》香炉

官、哥、定窑，岂可用之?平日，炉以宣铜、潘铜、彝炉、乳炉，如茶杯式大者，终日可用。

白话译文：宋代官窑、哥窑、定窑的瓷香炉怎么可以用呢？日常用香，香炉就要用宣德铜炉、浙江人潘铜所制“假倭炉”、铜彝式炉、铜乳炉，大小像茶杯那么大，可以用一整天。

明中期·屠隆《考槃余事·香笺》香炉

官、哥、定窑、龙泉、宣铜、潘铜、彝炉、乳炉，大如茶杯而式雅者为上。

白话译文：宋代官窑、哥窑、定窑、龙泉窑的瓷香炉，宣德铜炉、浙江人潘铜所制“假倭炉”、彝式炉、乳炉，大小像茶杯那么大，样式雅致的是最好的。

明初，人们不喜欢用瓷炉作香炉，而喜欢用铜炉。这一点从宣德皇帝耗巨资铸造宣德铜炉一事也能侧面印证。宣德炉是皇家御造铜炉的典范，而潘铜则是民间巧匠铸造的铜炉典范。值得一提的是，潘铜幼年时被倭寇掳到日本，他生性非常巧滑，能学习倭寇的技艺，所制凿嵌金银倭花样式和倭制一样。他在日本住了十年，回到浙江后，又迁居在云间（今上海市松江区）。他制的铜盒子、彝炉、花瓶等，无一不妙，但以铜炉最为精雅，时称“假倭炉”。他的作品在当时就已不易得到，甚为人所宝爱。到了明代中期，人们对香炉的偏好已悄然发生改变。除了宣铜、潘铜的铜炉外，宋代的官窑、哥窑、定窑以及龙泉窑瓷香炉也成了广受喜爱的炉具。而且对于香炉品相的要求也与明初有所不同。朱权认为，香炉大如茶杯就可以。但是屠隆认为仅仅如茶杯大小还不够，还需加上“雅致”这个标准，才算得上是炉中上品。

明初·朱权《焚香七要》香盒

用剔红蔗段锡胎者，以盛黄黑香饼。法制香磁盒，用定窑或饶窑者，以盛芙蓉、万春、甜香。倭香盒三子五子者，用以盛沉速兰香、棋楠等香。外此香撞亦可。若游行，惟倭撞带之甚佳。

白话译文：用锡胎红漆制作的圆香盒，用来装黄黑香饼。按标准制作的瓷香盒，要选定窑或景德镇窑的瓷器，用来放芙蓉、万春、甜香。那种日式的盒内拼成几个小格子的香盒，用来放沉香、棋楠等香。除此以外，用日式香提盒也可以。如果出游，带上日式香提盒就更

明 青花狻猊熏炉

合适了。

明中期·屠隆《考槃余事·香笺》香盒

有宋剔梅花蔗段盒，金银为素，用五色漆胎，刻法深浅，随妆露色，如红花绿叶、黄心黑石之类，夺目可观。有定窑、饶窑者，有倭盒三子、五子者，有倭撞，可携游，必须子口紧密，不泄香气方妙。

白话译文：有一种宋代雕漆梅花纹圆香盒，用金银做成素盒，在上面用五色漆做成漆胎，以深浅交替的刻法，根据图案刻露出不同的颜色，有红花绿叶，也有黄心黑石，鲜艳夺目，非常值得欣赏。还有定窑、景德镇窑生产的瓷香盒，有做成日式盒内拼成三五个小格子的，也有做成日式提盒的样子可以携带出游的，但都必须口沿密封，不让香气泄露才好。

香盒是用来盛放香料、香品的香具。明初用香留有宋代遗风，合香也仍旧在大量使用，而且明初受海禁影响还不是很严重，沉香、棋楠这样与海上贸易密切相关的香料还能获得并被使用。所以选择香盒的主要依据是适合相应香品的存放。

到了明代中期，长期海禁使得各类名贵好闻的海外番香越来越难以得到，合香也逐渐退出了日常用香，沉香、棋楠更是少之又少。所以屠隆的《香笺》中只谈香盒品类，不谈香盒中适合放什么香。因为现实中确实没有什么值得记载书中的香可写了。

明初·朱权《焚香七要》炉灰

以纸钱灰一斗，加石灰二升，水和成团，入大灶中烧红，取出，又研绝细，入炉用之，则火不灭。忌以杂火恶炭入灰，炭杂则灰死，不灵，入火一盖即灭。有好奇者，用茄蒂烧灰等说，太过。

白话译文：用纸钱灰一斗，加石灰二升，再用水和成团，放入大灶中烧红。取出后研磨成极细极细的粉末。这样的炉灰放到香炉里，炭火就不会熄灭。最忌讳用乱七八糟的东西或质量很差的炭点燃后放进炉灰中。用杂炭，炉灰就会变成死灰，那样就不灵了。一旦炭火放进炉灰里，盖上炉盖，炉灰就会熄灭。还有喜欢出奇的人，说可以用茄蒂烧灰等等，这就太过了。

明初·朱权《焚香七要》香炭墼

以鸡骨炭碾为末，入葵叶或葵花，少加糯米粥汤和之，以大小铁塑捶击成饼，以坚为贵，烧之可久。或以红花楂代葵花叶，或烂枣入石灰和炭造者，亦妙。

白话译文：把鸡骨炭碾成细末，加入葵叶或葵花，再少许加一点糯米汤和成团，用铁制模具敲成饼状。坚硬的才好，这样烧得久。或者用红花楂代替葵花叶，或者把捣烂的枣泥加入石灰和炭一起制成香炭，也是极好的。

应该说凡是长于熏香的人都知道炭火的重要性。香炭的好坏直接关系到炭火的好坏，也关系到发香的好坏。早年练习熏香时，因为找不到好炭，曾多方托朋友从海外购来好炭。未曾想炭之一物，在很多国家被列为禁止出口物品。所以要想寻来一块上好香炭，也确实是艰难的事。

明初·朱权《焚香七要》隔火砂片

烧香取味，不在取烟。香烟若烈，则香味漫然，顷刻而灭。取味则味幽，香馥可久不散，须用隔火。有以银钱明瓦片为之者，俱俗，不佳，且热甚，不能隔火。惟用玉片为美，亦不及京师烧破沙锅底，用以磨片，厚半分，隔火焚香，妙绝。烧透炭墼，入炉，以炉灰拨开，仅埋其半，不可便以灰拥炭火。先以生香焚之，谓之发香，欲其炭墼因香爇不灭故耳。香焚成火，方以箸埋炭墼，四面攒拥，上盖以灰，厚五分，以火之大小消息，灰上加片，片上加香，则香味隐隐而发，然须以箸四围直搠数眼，以通火气周转，炭方不灭。香味烈，则火大矣，又须取起砂片，加灰再焚。其香尽，余块用瓦盒收起，可投入火盆中，薰焙衣被。

白话译文：焚香是为了得到香味，而不是为了出烟。烟太浓的话，香味就会一下子爆发出来，一会就没味了。香的味道要幽幽的，这样的香味才会层次丰富，持久性也好，这就得用到隔火了。有用银钱和明瓦做的，这都太俗了，不好，而且很容易发烫，不能隔火。只有用玉片才最好看，但还是不如京师烧坏了的砂锅底。拿来磨成片，厚半分，隔火焚香，特别好。烧透香炭，放入炉中，把炉灰拨开，仅埋一半香炭，不能马上用香灰把炭火掩盖起来。先要用香在炭上焚一次，这叫作发香，要的是香炭因为烧了香而不灭。香燃起来以后，才用香筷把炭埋起来。先从四面把香灰推过来，再在上面盖上香灰，厚五分，根据火的大小，在灰上加隔火片，隔火片上加香。香味隐隐地发出来，然后要用香筷在四周开几个火眼，让空气流通，香炭才不会灭。香味太烈，说明火大了，需要把砂片拿起来，加一点灰后再继续。香烧完后，香渣可以用瓦盒收起来，也可以投入火盆里，熏焙衣服或被子。

明中期·屠隆《考槃余事·香笺》隔火

银钱、芸母片、玉片、砂片俱可。以火浣布如钱大者，银镶周围，作隔火，尤难得。凡盖隔火则炭易灭，须于炉四围用筯直搠数十眼，以通火气，周转方妙。炉中不可断火，即不焚香，使其长温，方有意趣。且灰燥易燃，谓之灵灰。其香尽余块用磁盒或古铜盒收起，可投入火盆中，薰焙衣被。

白话译文：银钱、芸母片、玉片、砂片都可以。用防火布剪成铜钱大小，用银镶边，做隔火，最为难得。凡是盖了隔火片的炭就容易熄灭，所以要在炉四周用香筷开数十个火眼，用来通火气，空气流通了就好了。炉中不能断火，即使不焚香，也要长期保持炉子温热，才有意趣。而且灰干燥易燃，称为“灵灰”。香渣用瓷盒或古铜盒收起来，可以投入火中，熏焙衣服或被子。

取味不取烟，隔火片功劳最大。现在人多用金银材质，觉得富贵。古人反倒觉得金银俗气，破瓦才好。破瓦透气隔热，想来也比金银好用。明代中期对于隔火片材质倒是不太在意，但对于新材料都颇为好奇。文震亨倡导熏香不用隔火，不知是否试遍所有隔火后无一满意，才痛下的决心。埋炭理灰的确颇为麻烦，伺一炉好香，着实不是一件随随便便的容易事啊。

明初·朱权《焚香七要》灵灰

炉灰终日焚之则灵，若十日不用则灰润。如遇梅月，则灰湿而灭火。先须以别炭入炉暖灰一二次，方入香炭墼，则火在灰中不灭，可久。

白话译文：炉灰要整天烧着才行，如果十天不用灰就潮了。要是遇到梅雨季节，灰就湿了，炭火一入就灭。要先用其他炭放进炉中暖灰一两次，才能把香炭放进去，这样的话炭火在灰里面可以长时间不灭。

灰暖而干，所以需要日日入炭。由此可见古人用香是多么频繁。

明初·朱权《焚香七要》匙箸

匙箸惟南都白铜制者适用，制佳。瓶用吴中近制短颈细孔者，插箸下重不仆，似得用耳。余斋中有古铜双耳小壶，用之为瓶，甚有受用。磁者如官哥定窑虽多，而日用不宜。

白话译文：香匙香箸只有南京白铜做的才好用，而且样子也好。香瓶要用苏州那里新近做的短颈细孔的瓶子，插好香筷，以重心向下力量均衡不容易倒的，才是最实用的。我书房里有一个古铜双耳小壶，是拿来当瓶用的，也很好用。瓷制的香瓶，像官窑、哥窑、定窑虽然挺多的，但不合适平常用。

明中期·屠隆《考槃余事·香笺》匙箸、香瓶

云间胡文明制者佳，南都白铜者亦适用，金玉者似不堪用。吴中近制短颈细孔者，插箸下重不仆，古铜者亦佳，官、哥、定窑者不宜日用。

白话译文：松江府那里的胡文明做的最好，南京白铜做的也还将就，金玉做的似乎不太好用。苏州最近做的短颈细孔的香瓶，插好香筷，重心在下不容易倒。古铜的也好。官窑、哥窑、定窑的瓷香瓶不合适平常用。

匙箸用铜，香瓶也用铜。瓷的不太好用。香瓶要用重心低的，插了香箸不容易倒。实用第一的基础上好看雅致才是好。

明中期·屠隆《考槃余事·香笺》香盘

紫檀乌木为盘，以玉为心，用以插香。

白话译文：紫檀乌木做盘，中心部分用玉做成，用来插香。

香盘是线香香具。明初线香虽有，但多数用在宗教场合。明代中期线香已成为文人的书斋用香。用香方式也越来越简便化。

清　团蛾花卉纹银鎏金香薰球

清　德化窑弦纹白瓷三足炉　清　菊瓣青花香盒

根据以上对照参校的内容来看，香具合适与否对于香，尤其是沉香的熏焚而言，确实有着很大的影响。同时随着时间的推移，用香方式也有一个逐渐方便化的倾向。由此我们就不难理解，为什么清代以后线香便成了最主要的用香方式，炉瓶盒三式，渐渐成为不在实际中使用的摆设。

最后分享的这张表是经过数年的品评香品后总结出来的品评方向，在实践中已被证明几乎适用于包括沉香、合香在内的所有香品的品评。而且大量测试表明，不同年龄段、不同文化背景、不同性别的人群对同一款香品，用这张表打出来的分数基本接近。

编号：（　　　）	评香记事	年　月　日	
评价标准	简述	分值	评分（打√）
一、清透	**气纯而雅且悠远**	30	
下一等：清	气纯而雅	20	
下二等：薄	气纯但清气不持久	10	
下三等：淡	气淡若有若无、时有时无	0	
二、甘美	**甘而爽净　回味且长**	30	
下一等：甘	甘而爽净	20	
下二等：甜	刮淡或甜不净爽	10	
下三等：藏	过甜或至余额	0	
三、温润	**气息润泽如玉　闻之如沐春风**	30	
下一等：温	气息平和	20	
下二等：顿	气暖而闷，如在暖捌中，或气结于胸，闷顿不畅	10	
下三等：浊	气杂而浑浊	0	
四、宏烈	**雄强壮丽或清凉沁人远而愈显**	30	
下一等：烈	雄强壮丽或清凉沁人	20	
下二等：重	烈而粗重	10	
下三等：粗	气强但粗鄙呛人	0	
五、华贵	**一息间气象万千**	30	
下一等：帽	闻之心神荡漾	20	
下二等：艳	虽心神荡漾但过分张扬	10	
下三等：俗	堆脂叠粉	0	
品第		**总分**	
品香方式（电炉／炭炉）：			
品香温度：			
整体评价：			

香品信息
名称：
品类（如熏香香材、线香、盘香……）：
线盘香等组方：
熏香材料产地、类别、下刀口结油情况：
制作者：
年份批次：
照片：

香品品第表	
分值	品第
≤40分	等外香
50分	俗香
60分	普品香
70分	三等香
80分	二等香
90分	一等香
100分	好香
110分	上好看
120分	项上好香
130分	妙香
140分	上妙香
150分	无上妙香

封面故事

饕餮纹罍 吴元星

细部

我心里一直有个担心，生怕读者诸君仅凭封面和这里的几张图片，不能真正地感受到这块棋楠牌子的震撼之处。虽然单从它足有成年男子手掌这么大的尺寸而言，在棋楠牌子里就应该算得上是一件“前无古人”的妙品了。至于有没有可能同时还是“后无来者”，我不敢妄下定论。毕竟从海内外的沉香藏家的手中再找出一两块差不多品质的棋楠大料来，应该还是有的。但如果加上它“诞生过程”中的诸多巧合，说它“独步古今”，可能还是够格的。

2013年的时候，我得到了一块3.2千克重的棋楠材料。第一眼看到这块粗壮敦实的材料时，多年收藏把玩沉香造就的直觉告诉我，它绝非凡品。首先，与大部分“鹤骨龙筋”状、透漏屈曲姿态的棋楠不同，它拥有棋楠料中十分罕见又十分难得的完整柱状品相，且表皮风化层的表现让我确认，它是我几十年来上手过的上百千克熟结棋楠中醇化时间最长的一件。它更有一种令人惊讶的“压手感”，这就意味着我不用X光透视即可断定，它的内部大概率是完美的实心结构，不会有一丝的孔隙。细观之下，我更是发现其通体结油，褐黄色外表下隐隐泛着暗红色的光芒，灯光底下还能看到油线部分散发出的那一丝一丝的金色光芒。削之，落屑自然成卷，香屑轻握即可成团，扣之，又如金声玉振，足见这块材料不仅“膏液内足、金坚玉润”，而且密度均匀、软硬适中。这样一块几近完美的棋楠大料，用万中无一来形容，都远远不足以说明它稀有的程度。但作为一块香材，光是体量大、材质佳还不够，香

原材料

气的品质是最终决定其优劣的关键。过手留香的沉香多半是假冒伪劣，但过手留香的棋楠却是好棋楠的入门级标准。这块料不需等到上手，只在近处，就已香气袭人。上得手来，凑近细闻，瞬间感觉芳香灌顶，心花怒放，尘俗泯灭，一息忘忧。回味之时，更觉醇厚与蛮霸并存，明快与甜糯同在，花香与蜜香兼得，百般滋味，千般香氛，层出不穷，无穷尽矣。

如此好料，若不赋以佳构良工，简直是辜负天意。那何以为佳构呢？有人建议将它纵向切开，如此可得“四六一”棋楠牌子十五六块以上，再加良工雕琢，汇成围绕一个主题的一套系列牌子。如此不仅可以留下一段创作佳话，若是结缘给有缘之人，又能收获相当可观的经济利益。听起来不错，可这是最适合这块料的所谓佳构吗？我向来以为，沉香与棋楠乃是集天地灵气而生的“天物”，尤其是其中的上上之品，雕刻之时，心中须存诚、敬二字。所以“先秉天意，再叙人情”是我一贯的原则。面对“天物”，必须参透，方可进行接下来的构思与雕刻。

虽说“香不能言”，它自然无法开口明言天意；但无言之物往往又是实语者，所有的奥秘就明摆在了最显见之处。只待至诚至敬之人以彼心为己心，开真眼，见实相，自然就能与物相合，豁然明了。这块料子的特点在于，敦实不中空，气味芬芳出众。若能用一个特别的方式把这两点展现得淋漓尽致，应该就能说明它的天意所在了。既然这块料子不中空，那就横向切开这块料子，如此一来既可以切出尺寸大得惊人的牌子料，又能使牌子表面的油线在横切后从纵向剖开，这要比普通纵向切出来的油线横截面开口大很多，也就意味着芳香物质接触空气的面积将大大增加，使得香气散发得更猛烈，也更完美。虽然这样切，成牌数量将大大缩水，但最好就是唯一的选择。

我至今都还记得当时除我以外的所有人，听到横切方案时的惊讶表情，以及切料时大家因为生怕出现中空导致方案流产而拧成一堆的双眉。随着香屑的纷扬散落，一块满油满色的棋楠牌子出现了。果然，我以诚敬待之，其自然不负我。

压抑下勘破天意的兴奋，我开始思忖起了第二个蕴含在这块棋楠之中的“天意”，那就是要雕什么才能匹配它的珍奇呢？尽管天天对着这块素牌端详琢磨，我却始终没有灵感。时光如梭，转眼间一年过去。2014年文博界的一则大新闻打破了我参悟天意的困局。那年的6月28日，湖南省博物馆（现更名为湖南博物院）隆重举行国之重宝“皿方罍”的合体仪式。这件距今三千多年的商代“皿天全”方罍造型雄浑，形体巨大，通体集立雕、浮雕、线雕于一身，堪称“罍中之王”。闻一多先生曾在他著名的爱国诗篇《我是中国人》中深情写道：“我们的历史是一只金罍，盛着帝王祀天的芳醴。我们敬人，我们又顺天。我们是乐天安命的神仙。”那就雕一尊金罍，立于天地之间！先人用金罍盛芳醴敬献上苍，今天，我们用棋楠雕刻金罍，以今香易古芳，如此再现古人天人合一之境界，岂不妙哉？

正面的雕刻题材有了，接下来就是背面的题材选择。什么题材可以与上古彝器相匹配，又能做到含义隽永，寓意吉祥呢？我脑海中跳出“金石永寿”四个字。金罍自然算得是“金石”之意，那“永寿”二字如何表达呢？灵龟太肤浅，寿星太具象，寿字纹又太死板。那么瑶池仙桃，既能明确表达长寿之意，又符合含蓄隽永的要求，作为背面题材当无“关公战秦琼”之嫌。到此佳构始成，不觉已历两年矣。

既得佳构，当觅良工。商周彝器气局宏大，纹饰繁复，格调高古。将其形象移刻到巴掌大的平面之上，如何保证繁复的纹饰在如此小的画面中不失真，如何保证高古的格调经过现代匠人之手不走调，如何保证小中见大又不失宏大的气势。这一个又一个难题就摆在了我和雕刻大师吴元星的面前。吴大师找来了许多关于青铜器和商周时代的历史资料，一头扎了进去。不仅如此，他还去各大博物馆，仔细观摩商周青铜器，希望能通过对青铜器和青铜时代的深度了解，与青铜彝器建立起心灵上的某种沟通，使得自己在下刀之时摒弃模仿，而是如古人般的铸造，以得其魂神。

2016年，背面的瑶池仙桃率先完美收官。画面上，仙桃一个挨着一个地缀满桃树枝头，桃枝被这累累硕果压得低垂，微风袭来，枝摇叶动，一派生机十足之境。而此时，正面的金罍却还在等待它诞生的时机。

2019年，历时五年之久，正面的饕餮纹金罍功成。雕刻者以其对青铜器的深刻理解，将其高古的气息完美呈现。繁复的饕餮纹饰，就连细节都栩栩如生。为了在平面上再现商周彝器的气势，元星大师通过将浮雕表面处理成中间略高、四周略低的样式，使得这个平面的金罍图案一下子从平面中跳脱了出来。这里的难点是，棋楠珍贵，画面本就尽可能地雕得浅，以免损失太多原料。而要在这本就很低的一层浮雕上做出高低的差别来，若不是雕刻者有着极其精湛的留青竹刻手艺，估计还真没办法将此立意如此完美地呈现出来。

后记

沉醉芳馨三十载　得渡香海伽罗舟

2019年，我的学生用她公司拥有的“电子鼻”系统，为我所收藏的来自国内外各个产区的沉香进行了一次全面的芳香物质分析。据说这套世界上最先进的芳香物质分析系统，每检测一个样本，就需要耗费大约一万美金的费用。通过这次价值不菲的检测，我得到了厚厚一叠类似股市K线图一样曲折多变、高低落差明显的芳香物质图谱，以及图谱上一大堆用不同颜色标记出来的化合物分子式。

当熟悉的沉香以这种陌生的方式呈现在我面前的时候，我就像电影《星际穿越》中男主角进入了高维空间那样，看到了沉香在结香的每一个时间点上所存在着的那个独立的三维空间。可以说世界就是由无数个三维空间组成的立方体矩阵，我们可以通过这个矩阵中不同的时间点，在立方体之间穿梭，只要足够仔细，就可以看清每一个时间点上的这个世界的全部细节，不论是过去、现在，还是未来。

于是，一个念头在我心底萌生，那就是写一本纵向上以沉香为线索，贯通整个中国人的用香历史，横向上以沉香为窗口，透视各个历史时期的贸易、外交、经济、社会等诸多层面的书，再通过医学、科学、美学等多个角度对其进行探究与认知，尽力为大家构建出一个沉香世界的三维立体矩阵，从而使大家真正获得了解沉香“高维空间视角”的可能。

在此后的三年时间里，我和我的学生邓璐琦一道钻进了浩如烟海的故纸堆，寻觅沉香在长达两千多年华夏用香历史上留下的种种踪迹，同时也以高涨的热情，在医学、科学等领域展开了一次深度的学习。在不同视角和高度下，我们逐渐看到了一个前所未见的沉香世界。

宽广而深邃，灵动而有趣。沉香对现实世界乃至历史走向所产生的微妙影响，远远超出了我们惯常思维当中对它的认知。一粒沙中容大千，以沉香为首的香料世界，它不再是仅仅提供美好气味、点缀生活趣味的花边小事，而是足以作为大历史承载点的存在。只是在绝大多数的岁月里，我们只见到了它升腾起的曼妙烟尘，而忘了一窥其烟尘背后的深沉。还有，随着那绝世香气的弥散伴随而来的松弛惬意，也让我们有意无意地忽略了沉香嶙峋外表下孕育着的倔强不屈以及沉香内在的生命活力。

世间很多事情，当你扒着门框看一眼的时候，似乎可以一眼望尽门内的光景。但当你真正跨过门槛，登堂入室的时候，却会猛然发现，门内的琳琅远超出你在门外所见。我一生当中，有两件事就是这样，一件是太极拳，另一件就是沉香。三十多年与沉香日日为伍的日子里，我曾经一度十分肯定地认为我对它的了解已经足够全面、充分和完整。但当今天这本书完稿的时候，我却清醒且庆幸地认识到，这三十多年来，我仅仅只是在这片“香海”的百舸竟游中航行未远，彼岸犹在远方。所幸，三十多年的努力已换得沉香为今生良伴，并幻化作宝船嘉舟，与我一同乘风破浪，直济沧海。

在此要感谢廖奕全先生所提供的部分照片及资料，也要感谢出版社责任编辑的耐心等待和仔细加工，让我有信心得以克服重重困难完成此书，并正式出版。

任刚

2024年1月

图书在版编目（CIP）数据

说香 / 任刚，邓璐琦著. -- 上海 ： 上海人民美术出版社，2024.4
（国家珍宝系列丛书）
ISBN 978-7-5586-2918-1

Ⅰ. ①说… Ⅱ. ①任… ②邓… Ⅲ. ①沉香—植物香料—文化—中国 Ⅳ. ①TQ654

中国国家版本馆CIP数据核字(2024)第050727号

说　香

著　　者：任　刚　邓璐琦
责任编辑：戎鸿杰
封面设计：译出文化
技术编辑：王　泓
出版发行：上海人民美術出版社
（上海市闵行区号景路159弄A座7F）
邮　　编：201101
网　　址：www.shrmbooks.com
装帧排版：上海商务数码图像技术有限公司
印　　刷：广西昭泰子隆彩印有限责任公司
开　　本：787×1092mm　1/16
印　　张：14.75
版　　次：2024年4月第1版
印　　次：2024年4月第1次
书　　号：ISBN 978-7-5586-2918-1
定　　价：136.00元